■ 建筑工程常用公式与数据速查手册系列丛书

建筑抗震常用公式与数据速查手册

JIANZHU KANGZHEN CHANGYONG GONGSHI YU
SHUJU SUCHA SHOUCE

张立国　主编

知识产权出版社
全国百佳图书出版单位

本书编写组

主　编　张立国

参　编　于　涛　　王丽娟　　成育芳　　刘艳君

　　　　孙丽娜　　何　影　　李守巨　　李春娜

　　　　张　军　　赵　慧　　陶红梅　　夏　欣

前　　言

地震灾害及地震次生灾害会给人类带来巨大的经济损失和人员伤亡。目前的科学技术还不能准确地预测并控制地震的发生，但人们可以运用现代科学技术手段来减轻和防止地震灾害，对建筑结构进行抗震设计就是一种积极有效的方法。抗震设计的基本目标就是防止建筑倒塌，并在一定的经济条件下最大限度地限制和减小地震过程中的经济损失和人员伤亡。

作为建筑抗震设计人员，除了要有先进的设计理念之外，还应拥有丰富的设计、技术、安全等工作经验，掌握大量建筑抗震常用的计算公式及数据。但由于资料来源庞杂繁复，设计人员经常难以寻找到所需要的资料。在这种情况下，广大从事建筑抗震设计的人员迫切需要一本系统、全面、有效、囊括建筑抗震常用计算公式与数据的参考书作为参考和指导。鉴于此，我们组织相关技术人员，依据国家最新颁布的《建筑抗震设计规范》（GB 50011—2010）等标准规范，组织编写了本书。

本书共分为七章，包括场地、地基和基础，地震作用和结构抗震验算，多层和高层钢筋混凝土房屋，多层砌体房屋和底部框架砌体房屋，多层和高层钢结构房屋，单层工业厂房抗震设计，以及隔震、消能减震设计和非结构构件。本书对规范涉及公式的重新编排，主要包括参数的含义、上下限标识、公式相关性等。重新编排后计算公式的相关内容一目了然，既方便设计人员查阅，亦可用于相关专业考生平时练习之用。本书是以最新的建筑抗震方面的主要规程、规范、标准及常用设计数据资料为依据，保证数据的准确性及权威性，读者可放心使用。本书可供建筑抗震设计人员、施工人员及相关专业大中专院校的师生查阅、参考。

由于编写时间仓促，编者经验、理论水平有限，书中难免有疏漏、不足之处，欢迎广大读者批评、指正。

编　者

2014.04

目　　录

1

场地、地基和基础

1.1 公式速查

1.1.1 土层的等效剪切波速

土层的等效剪切波速，应按下列公式计算：

$$\upsilon_{se} = d_0 / t$$

$$t = \sum_{i=1}^{n} (d_i / \upsilon_{si})$$

式中　υ_{se}——土层等效剪切波速（m/s）；

　　　d_0——计算深度（m），取覆盖层厚度和 20m 两者的较小值；

　　　t——剪切波在地面至计算深度之间的传播时间（s）；

　　　d_i——计算深度范围内第 i 土层的厚度（m）；

　　　υ_{si}——计算深度范围内第 i 土层的剪切波速（m/s）；

　　　n——计算深度范围内土层的分层数。

1.1.2 地基抗震承载力计算

地基抗震承载力应按下式计算：

$$f_{aE} = \xi_a f_a$$

式中　f_{aE}——调整后的地基抗震承载力；

　　　ξ_a——地基抗震承载力调整系数，应按表 1-7 采用；

　　　f_a——深宽修正后的地基承载力特征值，应按现行国家标准《建筑地基基础设计规范》（GB 50007—2011）采用。

1.1.3 天然地基抗震承载力验算

验算天然地基地震作用下的竖向承载力时，按地震作用效应标准组合的基础底面平均压力和边缘最大压力应符合下列各式要求：

$$p \leqslant f_{aE}$$

$$p_{max} \leqslant 1.2 f_{aE}$$

$$f_{aE} = \xi_a f_a$$

式中　p——地震作用效应标准组合的基础底面平均压力；

　　　p_{max}——地震作用效应标准组合的基础边缘的最大压力；

　　　f_{aE}——调整后的地基抗震承载力；

　　　ξ_a——地基抗震承载力调整系数，应按表 1-7 采用；

　　　f_a——深宽修正后的地基承载力特征值，应按现行国家标准《建筑地基基础设计规范》（GB 50007—2011）采用。

1.1.4 不考虑液化影响的判别

浅埋天然地基的建筑，当上覆非液化土层厚度和地下水位深度符合下列条件之一时，可不考虑液化影响：

$$d_u > d_0 + d_b - 2$$
$$d_w > d_0 + d_b - 3$$
$$d_u + d_w > 1.5d_0 + 2d_b - 4.5$$

式中　d_w——地下水位深度（m），宜按设计基准期内年平均最高水位采用，也可按近期内年最高水位采用；

　　　　d_u——上覆盖非液化土层厚度（m），计算时宜将淤泥和淤泥质土层扣除；

　　　　d_b——基础埋置深度（m），不超过 2m 时应采用 2m；

　　　　d_0——液化土特征深度（m），可按表 1-8 采用。

1.1.5　液化判别标准贯入锤击数临界值

在地面下 20m 深度范围内，液化判别标准贯入锤击数临界值可按下式计算：

$$N_{cr} = N_0 \beta [\ln(0.6d_s + 1.5) - 0.1d_w] \sqrt{3/\rho_c}$$

式中　N_{cr}——液化判别标准贯入锤击数临界值；

　　　　N_0——液化判别标准贯入锤击数基准值，可按表 1-9 采用；

　　　　d_s——饱和土标准贯入点深度（m）；

　　　　d_w——地下水位（m）；

　　　　ρ_c——黏粒含量百分率，小于 3 或为砂土时，应采用 3；

　　　　β——调整系数，设计地震第一组取 0.80，第二组取 0.95，第三组取 1.05。

1.1.6　液化指数的计算

对存在液化砂土层、粉土层的地基，应探明各液化土层的深度和厚度，按下式计算每个钻孔的液化指数，并按表 1-10 综合划分地基的液化等级：

$$I_{lE} = \sum_{i=1}^{n} \left[1 - \frac{N_i}{N_{cri}} \right] d_i W_i$$

式中　I_{lE}——液化指数；

　　　　n——在判别深度范围内每一个钻孔标准贯入试验点的总数；

N_i、$N_{cr,i}$——i 点标准贯入锤击数的实测值和临界值，实测值大于临界值时应取临界值；只需要判别 15m 范围以内的液化时，15m 以下的实测值可按临界值采用；

　　　　d_i——i 点所代表的土层厚度（m），可采用与该标准贯入试验点相邻的上、下两标准贯入试验点深度差的一半，但上界不高于地下水位深度，下界不深于液化深度；

　　　　W_i——i 土层单位土层厚度的层位影响权函数值（单位为 m^{-1}）。该层中点深度不大于 5m 时应采用 10，等于 20m 时应采用零值，5～20m 时应按线性内插法取值。

1.1.7 震陷性软土的判别

判别地基中软弱黏性土层的震陷，可采用下列方法。饱和粉质黏土震陷的危害性和抗震陷措施应根据沉降和横向变形大小等因素综合研究确定，8 度（0.30g）和 9 度时，当塑性指数小于 15 且符合下式规定的饱和粉质黏土可判为震陷性软土。

$$W_s \geqslant 0.9 W_L$$
$$I_L \geqslant 0.75$$

式中　W_s——天然含水量；

　　　W_L——液限含水量，采用液、塑限联合测定法测定；

　　　I_L——液性指数。

1.1.8 打桩后的标准贯入锤击数的计算

打桩后桩间土的标准贯入锤击数宜由试验确定，也可按下式计算：

$$N_1 = N_p + 100\rho(1 - e^{-0.3N_p})$$

式中　N_1——打桩后的标准贯入锤击数；

　　　ρ——打入式预制桩的面积置换率；

　　　N_p——打桩前的标准贯入锤击数。

1.2 数据速查

1.2.1 我国主要城镇抗震设防烈度、设计基本地震加速度和设计地震分组

表 1-1　我国主要城镇抗震设防烈度、设计基本地震加速度和设计地震分组

序号	省、市	内　容
1	首都和直辖市	1）抗震设防烈度为 8 度，设计基本地震加速度值为 0.20g： 　第一组：北京（东城、西城、崇文、宣武、朝阳、丰台、石景山、海淀、房山、通州、顺义、大兴、平谷），延庆，天津（汉沽），宁河 　2）抗震设防烈度为 7 度，设计基本地震加速度值为 0.15g： 　第二组：北京（昌平、门头沟、怀柔），密云；天津（和平、河东、河西、南开、河北、红桥、塘沽、东丽、西青、津南、北辰、武清、宝坻），蓟县，静海 　3）抗震设防烈度为 7 度，设计基本地震加速度值为 0.10g： 　第一组：上海（黄浦、卢湾、徐汇、长宁、静安、普陀、闸北、虹口、杨浦、闵行、宝山、嘉定、浦东、松江、青浦、南汇、奉贤） 　第二组：天津（大港） 　4）抗震设防烈度为 6 度，设计基本地震加速度值为 0.05g： 　第一组：上海（金山），崇明；重庆（渝中、大渡口、江北、沙坪坝、九龙坡、南岸、北碚、万盛、双桥、渝北、巴南、万州、涪陵、黔江、长寿、江津、合川、永川、南川），巫山，奉节，云阳，忠县，丰都，璧山，铜梁，大足，荣昌，綦江，石柱，巫溪* 　注：按地理区划分组；上标 * 指该城镇的中心位于本设防区和较低设防区的分界线，下同

序号	省、市	内　容
2	河北省	1）抗震设防烈度为8度，设计基本地震加速度值为0.20g： 第一组：唐山（路北、路南、古冶、开平、丰润、丰南），三河，大厂，香河，怀来，涿鹿 第二组：廊坊（广阳、安次） 2）抗震设防烈度为7度，设计基本地震加速度值为0.15g： 第一组：邯郸（丛台、邯山、复兴、峰峰矿区），任丘，河间，大城，滦县，蔚县，磁县，宣化县，张家口（下花园、宣化区），宁晋 第二组：涿州，高碑店，涞水，固安，永清，文安，玉田，迁安，卢龙，滦南，唐海，乐亭，阳原，邯郸县，大名，临漳，成安 3）抗震设防烈度为7度，设计基本地震加速度值为0.10g： 第一组：张家口（桥西、桥东），万全，怀安，安平，饶阳，晋州，深州，辛集，赵县，隆尧，任县，南和，新河，肃宁，柏乡 第二组：石家庄（长安、桥东、桥西、新华、裕华、井陉矿区），保定（新市、北市、南市），沧州（运河、新华），邢台（桥东、桥西），衡水，霸州，雄县，易县，沧县，张北，兴隆，迁西，抚宁，昌黎，青县，献县，广宗，平乡，鸡泽，曲周，肥乡，馆陶，广平，高邑，内丘，邢台县，武安，涉县，赤城，走兴，容城，徐水，安新，高阳，博野，蠡县，深泽，魏县，藁城，栾城，武强，冀州，巨鹿，沙河，临城，泊头，永年，崇礼，南宫* 第三组：秦皇岛（海港、北戴河），清苑，遵化，安国，涞源，承德（鹰手营子*） 4）抗震设防烈度为6度，设计基本地震加速度值为0.05g： 第一组：围场，沽源 第二组：正定，尚义，无极，平山，鹿泉，井陉县，元氏，南皮，吴桥，景县，东光 第三组：承德（双桥、双滦），秦皇岛（山海关），承德县，隆化，宽城，青龙，阜平，满城，顺平，唐县，望都，曲阳，定州，行唐，赞皇，黄骅，海兴，孟村，盐山，阜城，故城，清河，新乐，武邑，枣强，威县，丰宁，滦平，平泉，临西，灵寿，邱县
3	山西省	1）抗震设防烈度为8度，设计基本地震加速度值为0.20g： 第一组：太原（杏花岭、小店、迎泽、尖草坪、万柏林、晋源），晋中，清徐，阳曲，忻州，定襄，原平，介休，灵石，汾西，代县，霍州，古县，洪洞，临汾，襄汾，浮山，永济 第二组：祁县，平遥，太谷 2）抗震设防烈度为7度，设计基本地震加速度值为0.15g： 第一组：大同（城区、矿区、南郊），大同县，怀仁，应县，繁峙，五台，广灵，灵丘，芮城，翼城 第二组：朔州（朔城区），浑源，山阴，古交，交城，文水，汾阳，孝义，曲沃，侯马，新绛，稷山，绛县，河津，万荣，闻喜，临猗，夏县，运城，乎陆，沁源*，宁武* 3）抗震设防烈度为7度，设计基本地震加速度值为0.10g： 第一组：阳高，天镇 第二组：大同（新荣），长治（城区、郊区），阳泉（城区、矿区、郊区），长治县，左云，右玉，神池，寿阳，昔阳，安泽，平定，和顺，乡宁，垣曲，黎城，潞城，壶关

序号	省、市	内　　容
3	山西省	第三组：平顺，榆社，武乡，娄烦，交口，隰县，蒲县，吉县，静乐，陵川，盂县，沁水，沁县，朔州（平鲁） 4）抗震设防烈度为6度，设计基本地震加速度值为0.05g： 第三组：偏关，河曲，保德，兴县，临县，方山，柳林，五寨，岢岚，岚县，中阳，石楼，永和，大宁，晋城，吕梁，左权，襄垣，屯留，长子，高平，阳城，泽州
4	内蒙古自治区	1）抗震设防烈度为8度，设计基本地震加速度值为0.30g： 第一组：土墨特右旗，达拉特旗* 2）抗震设防烈度为8度，设计基本地震加速度值为0.20g： 第一组：呼和浩特（新城、回民、玉泉、赛罕），包头（昆都仓、东河、青山、九原），乌海（海勃湾、海南、乌达），土墨特左旗，杭锦后旗，磴口，宁城 第二组：包头（石拐），托克托* 3）抗震设防烈度为7度，设计基本地震加速度值为0.15g： 第一组：赤峰（红山*，元宝山区），喀喇沁旗，巴彦卓尔，五原，乌拉特前旗，凉城 第二组：固阳，武川，和林格尔 第三组：阿拉善左旗 4）抗震设防烈度为7度，设计基本地震加速度值为0.10g： 第一组：赤峰（松山区），察右前旗，开鲁，敖汉旗，扎兰屯，通辽* 第二组：清水河，乌兰察布，卓资，丰镇，乌特拉后旗，乌特拉中旗 第三组：鄂尔多斯，准格尔旗 5）抗震设防烈度为6度，设计基本地震加速度值为0.05g： 第一组：满洲里，新巴尔虎右旗，莫力达瓦旗，阿荣旗，扎赉特旗，翁牛特旗，商都，乌审旗，科左中旗，科左后旗，奈曼旗，库伦旗，苏尼特右旗 第二组：兴和，察右后旗 第三组：达尔罕茂明安联合旗，阿拉善右旗，鄂托克旗，鄂托克前旗，包头（白云矿区），伊金霍洛旗，杭锦旗，四王子旗，察右中旗
5	辽宁省	1）抗震设防烈度为8度，设计基本地震加速度值为0.20g： 第一组：普兰店，东港 2）抗震设防烈度为7度，设计基本地震加速度值为0.15g： 第一组：营口（站前、西市、鲅鱼圈、老边），丹东（振兴、元宝、振安），海城，大石桥，瓦房店，盖州，大连（金州） 3）抗震设防烈度为7度，设计基本地震加速度值为0.10g： 第一组：沈阳（沈河、和平、大东、皇姑、铁西、苏家屯、东陵、沈北、于洪），鞍山（铁东、铁西、立山、千山），朝阳（双塔、龙城），辽阳（白塔、文圣、宏伟、弓长岭、太子河），抚顺（新抚、东洲、望花），铁岭（银州、清河），盘锦（兴隆台、双台子），盘山，朝阳县，辽阳县，铁岭县，北票，建平，开原，抚顺县*，灯塔，台安，辽中，大洼 第二组：大连（西岗、中山、沙河口、甘井子、旅顺），岫岩，凌源 4）抗震设防烈度为6度，设计基本地震加速度值为0.05g： 第一组：本溪（平山、溪湖、明山、南芬），阜新（细河、海州、新邱、太平、清河门），葫芦岛（龙港、连山），昌图，西丰，法库，彰武，调兵山，阜新县，康平，新民，黑山，北宁，义县，宽甸，庄河，长海，抚顺（顺城） 第二组：锦州（太和、古塔、凌河），凌海，凤城，喀喇沁左翼 第三组：兴城，绥中，建昌，葫芦岛（南票）

序号	省、市	内　　容
6	吉林省	1）抗震设防烈度为8度，设计基本地震加速度值为0.20g： 前郭尔罗斯，松原 2）抗震设防烈度为7度，设计基本地震加速度值为0.15g： 大安* 3）抗震设防烈度为7度，设计基本地震加速度值为0.10g： 长春（难关、朝阳、宽城、二道、绿园、双阳），吉林（船营、龙潭、昌邑、丰满），白城，乾安，舒兰，九台，永吉* 4）抗震设防烈度为6度，设计基本地震加速度值为0.05g： 四平（铁西、铁东），辽源（龙山、西安），镇赉，洮南，延吉，汪清，图们，珲春，龙井，和龙，安图，蛟河，桦甸，梨树，磐石，东丰，辉南，梅河口，东辽，榆树，靖宇，抚松，长岭，德惠，农安，伊通，公主岭，扶余，通榆* 注：全省县级及县级以上设防城镇，设计地震分组均为第一组
7	黑龙江省	1）抗震设防烈度为7度，设计基本地震加速度值为0.10g： 绥化，萝北，泰来 2）抗震设防烈度为6度，设计基本地震加速度值为0.05g： 哈尔滨（松北、道里、南岗、道外、香坊、平房、呼兰、阿城），齐齐哈尔（建华、龙沙、铁锋、昂昂溪、富拉尔基、碾子山、梅里斯），大庆（萨尔图、龙凤、让胡路、大同、红岗），鹤岗（向阳、兴山、工农、南山、兴安、东山），牡丹江（东安、爱民、阳明、西安），鸡西（鸡冠、恒山、滴道、梨树、城子河、麻山），佳木斯（前进、向阳、东风、郊区），七台河（桃山、新兴、茄子河），伊春（伊春区、乌马、友好），，鸡东，望奎，穆棱，绥芬河，东宁，宁安，五大连池，嘉荫，汤原，桦南，桦川，依兰，勃利，通河，方正，木兰，巴彦，延寿，尚志，宾县，安达，明水，绥棱，庆安，兰西，肇东，肇州，双城，五常，讷河，北安，甘南，富裕，尤江，黑河，肇源，青冈*、海林* 注：全省县级及县级以上设防城镇，设计地震分组均为第一组
8	江苏省	1）抗震设防烈度为8度，设计基本地震加速度值为0.30g： 第一组：宿迁（宿城、宿豫*） 2）抗震设防烈度为8度，设计基本地震加速度值为0.20g： 第一组：新沂，邳州，睢宁 3）抗震设防烈度为7度，设计基本地震加速度值为0.15g： 第一组：扬州（维扬、广陵、邗江），镇江（京口、润州），泗洪，江都 第二组：东海，沭阳，大丰 4）抗震设防烈度为7度，设计基本地震加速度值为0.10g： 第一组：南京（玄武、白下、秦淮、建邺、鼓楼、下关、浦口、六合、栖霞、雨花台、江宁），常州（新北、钟楼、天宁、戚墅堰、武进），泰州（海陵、高港），江浦，东台，海安，姜堰，如皋，扬中，仪征，兴化，高邮，六合，句容，丹阳，金坛，镇江（丹徒），溧阳，溧水，昆山，太仓 第二组：徐州（云龙、鼓楼、九里、贾汪、泉山），铜山，沛县，淮安（清河、青浦、淮阴），盐城（亭湖、盐都），泗阳，盱眙，射阳，赣榆，如东 第三组：连云港（新浦、连云、海州），灌云 5）抗震设防烈度为6度，设计基本地震加速度值为0.05g： 第一组：无锡（崇安、南长、北塘、滨湖、惠山），苏州（金阊、沧浪、平江、虎丘、吴中、相成），宜兴，常熟，吴江，泰兴，高淳

序号	省、市	内　容
8	江苏省	第二组：南通（崇川、港闸），海门，启东，通州，张家港，靖江，江阴，无锡（锡山），建湖，洪泽，丰县 第三组：响水，滨海，阜宁，宝应，金湖，灌南，涟水，楚州
9	浙江省	1）抗震设防烈度为7度，设计基本地震加速度值为0.10g： 第一组：岱山，嵊泗，舟山（定海、普陀），宁波（北仑、镇海） 2）抗震设防烈度为6度，设计基本地震加速度值为0.05g： 第一组：杭州（拱墅、上城、下城、江干、西湖、滨江、余杭、萧山），宁波（海曙、江东、江北、鄞州），湖州（吴兴、南浔），嘉兴（南湖、秀洲），温州（鹿城、龙湾、瓯海），绍兴，绍兴县，长兴，安吉，临安，奉化，象山，德清，嘉善，平湖，海盐，桐乡，海宁，上虞，慈溪，余姚，富阳，平阳，苍南，乐清，永嘉，泰顺，景宁，云和，洞头 第二组：庆元，瑞安
10	安徽省	1）抗震设防烈度为7度，设计基本地震加速度值为0.15g： 第一组：五河，泗县 2）抗震设防烈度为7度，设计基本地震加速度值为0.10g： 第一组：合肥（蜀山、庐阳、瑶海、包河），蚌埠（蚌山、龙子湖、禹会、淮山），阜阳（颍州、颍东、颍泉），淮南（田家庵、大通），枞阳，怀远，长丰，六安（金安、裕安），固镇，凤阳，明光，定远，肥东，肥西，舒城，庐江，桐城，霍山，涡阳，安庆（大观、迎江、宜秀），铜陵县＊ 第二组：灵璧 3）抗震设防烈度为6度，设计基本地震加速度值为0.05g： 第一组：铜陵（铜官山、狮子山、郊区），淮南（谢家集、八公山、潘集），芜湖（镜湖、戈江、三江、鸠江），马鞍山（花山、雨山、金家庄），芜湖县，界首，太和，临泉，阜南，利辛，凤台，寿县，颍上，霍邱，金寨，含山，和县，当涂，无为，繁昌，池州，岳西，潜山，太湖，怀宁，望江，东至，宿松，南陵，宣城，郎溪，广德，泾县，青阳，石台 第二组：滁州（琅琊、南谯），来安，全椒，砀山，萧县，蒙城，亳州，巢湖，天长 第三组：濉溪，淮北，宿州
11	福建省	1）抗震设防烈度为8度，设计基本地震加速度值为0.20g： 第二组：金门＊ 2）抗震设防烈度为7度，设计基本地震加速度值为0.15g： 第一组：漳州（芗城、龙文），东山，诏安，龙海 第二组：厦门（思明、海沧、湖里、集美、同安、翔安），晋江，石狮，长泰，漳浦 第三组：泉州（丰泽、鲤城、洛江、泉港） 3）抗震设防烈度为7度，设计基本地震加速度值为0.10g： 第二组：福州（鼓楼、台江、仓山、晋安），华安，南靖，平和，云霄 第三组：莆田（城厢、涵江、荔城、秀屿），长乐，福清，平潭，惠安，南安，安溪，福州（马尾）

序号	省、市	内　容
11	福建省	4）抗震设防烈度为6度，设计基本地震加速度值为0.05g： 第一组：三明（梅列、三元），屏南，霞浦，福鼎，福安，柘荣，寿宁，周宁，松溪，宁德，古田，罗源，沙县，尤溪，闽清，闽侯，南平，大田，漳平，龙岩，泰宁，宁化，长汀，武平，建守，将乐，明溪，清流，连城，上杭，永安，建瓯 第二组：政和，永定 第三组：连江，永泰，德化，永春，仙游，马祖
12	江西省	1）抗震设防烈度为7度，设计基本地震加速度值为0.10g： 寻乌，会昌 2）抗震设防烈度为6度，设计基本地震加速度值为0.05g： 南昌（东湖、西湖、青云谱、湾里、青山湖），南昌县，九江（浔阳、庐山），九江县，进贤，余干，彭泽，湖口，星子，瑞昌，德安，都昌，武宁，修水，靖安，铜鼓，宜丰，宁都，石城，瑞金，安远，定南，龙南，全南，大余 注：全省县级及县级以上设城镇，设计地震分组均为第一组
13	山东省	1）抗震设防烈度为8度，设计基本地震加速度值为0.20g： 第一组：郯城，临沭，莒南，莒县，沂水，安丘，阳谷，临沂（河东） 2）抗震设防烈度为7度，设计基本地震加速度值为0.15g： 第一组：临沂（兰山、罗庄），青州，临驹，菏泽，东明，聊城，莘县，鄄城 第二组：潍坊（奎文、潍城、寒亭、坊子），苍山，沂南，昌邑，昌乐，诸城，五莲，长岛，蓬莱，龙口，枣庄（台儿庄），淄博（临淄2），寿光* 3）抗震设防烈度为7度，设计基本地震加速度值为0.10g： 第一组：烟台（莱山、芝罘、牟平），威海，文登，高唐，茌平，定陶，成武 第二组：烟台（福山），枣庄（薛城、市中、峄城、山亭*），淄博（张店、淄川、周村），平原，东阿，平阴，梁山，郓城，巨野，曹县，广饶，博兴，高青，桓台，蒙阴，费县，微山，禹城，冠县，单县*，夏津*，莱芜（莱城*、钢城） 第三组：东营（东营、河口），日照（东港、岚山），沂源，招远，新泰，栖霞，莱州，平度，高密，垦利，淄博（博山），滨州*，平邑* 4）抗震设防烈度为6度，设计基本地震加速度值为0.05g： 第一组：荣成 第二组：德州，宁阳，曲阜，邹城，鱼台，乳山，兖州 第三组：济南（市中、历下、槐荫、天桥、历城、长清），青岛（市南、市北、四方、黄岛、崂山、城阳、李沧），泰安（泰山、岱岳），济宁（市中、任城），乐陵，庆云，无棣，阳信，宁津，沾化，利津，武城，惠民，商河，临邑，济阳，齐河，章丘，泗水，莱阳，海阳，金乡，滕州，莱西，即墨，胶南，胶州，东平，汶上，嘉祥，临清，肥城，陵县，邹平
14	河南省	1）抗震设防烈度为8度，设计基本地震加速度值为9.20g： 第一组：新乡（丑滨、红旗、凤泉、牧野），新乡县，安阳（北关、文峰、殷都、龙安），安阳县，淇县，卫辉，辉县，原阳，延津，获嘉，范县 第二组：鹤壁（淇滨、山城*、鹤山*），汤阴 2）抗震设防烈度为7度，设计基本地震加速度值为0.15g： 第一组：台前，南乐，陕县，武陟 第二组：郑州（中原、二七、管城、金水、惠济），濮阳，濮阳县，长垣，封丘，修武，内黄，浚县，滑县，清丰，灵宝，三门峡，焦作（马村*），林州*

序号	省、市	内　　容
14	河南省	3）抗震设防烈度为7度，设计基本地震加速度值为0.10g： 第一组：南阳（卧龙、宛城），新密，长葛，许昌*，许昌县* 第二组：郑州（上街），新郑，洛阳（西工、老城、渡河、涧西、吉利、洛龙*），焦作（解放、山阳、中站），开封（鼓楼、龙亭、顺河、禹王台、金明），开封县，民权，兰考，孟州，孟津，巩义，偃师，沁阳，博爱，济源，荥阳，温县，中牟，杞县* 4）抗震设防烈度为6度，设计基本地震加速度值为0.05g： 第一组：信阳（狮河、平桥），漯河（郾城、源汇、召陵），平顶山（新华、卫东、湛河、石龙），汝阳，禹州，宝丰，鄢陵，扶沟，太康，鹿邑，郸城，沈丘，项城，淮阳，周口，商水，上蔡，临颍，西华，西平，栾川，内乡，镇平，唐河，邓州，新野，社旗，平舆，新县，驻马店，泌阳，汝南，桐柏，淮滨，息县，正阳，遂平，光山，罗山，潢川，商城，固始，南召，叶县*，舞阳* 第二组：商丘（梁园、睢阳），义马，新安，襄城，郏县，嵩县，宜阳，伊川，登封，柘城，尉氏，通许，虞城，夏邑，宁陵 第三组：汝州，睢县，永城，卢氏，洛宁，渑池
15	湖北省	1）抗震设防烈度为7度，设计基本地震加速度值为0.10g： 竹溪，竹山，房县 2）抗震设防烈度为6度，设计基本地震加速度值为0.05g： 武汉（江岸、江汉、在硚口、汉阳、武昌、青山、洪山、东西湖、汉南、蔡甸、江夏、黄陂、新洲），荆州（沙市、荆州），荆门（东宝、掇刀），襄樊（襄城、樊城、襄阳），十堰（茅箭、张湾），宜昌（西陵、伍家岗、点军、猇亭、夷陵），黄石（下陆、黄石港、西塞山、铁山），恩施，咸宁，麻城，团风，罗田，英山，黄冈，鄂州，浠水，蕲春，黄梅，武穴，郧西，郧县，丹江口，谷城，老河口，宜城，南漳，保康，神农架，钟祥，沙洋，远安，兴山，巴东，秭归，当阳，建始，利川，公安，宣恩，咸丰，长阳，嘉鱼，大冶，宜都，枝江，松滋，江陵，石首，监利，洪湖，孝感，应城，云梦，天门，仙桃，红安，安陆，潜江，通山，赤壁，崇阳，通城，五峰*，京山* 注：全省县级及县级以上设防城镇，设计地震分组均为第一组
16	湖南省	1）抗震设防烈度为7度，设计基本地震加速度值为0.15g： 常德（武陵、鼎城） 2）抗震设防烈度为7度，设计基本地震加速度值为0.10g： 岳阳（岳阳楼、君山*），岳阳县，汨罗，湘阴，临澧，澧县，津市，桃源，安乡，汉寿 3）抗震设防烈度为6度，设计基本地震加速度值为0.05g： 长沙（岳麓、芙蓉、天心、开福、雨花），长沙县，岳阳（云溪），益阳（赫山、资阳），张家界（永定、武陵源），郴州（北湖、苏仙），邵阳（大祥、双清、北塔），邵阳县，泸溪，沅陵，娄底，宜章，资兴，平江，宁乡，新化，冷水江，涟源，双峰，新邵，邵东，隆回，石门，慈利，华容，南县，临湘，沅江，桃江，望城，溆浦，会同，靖州，韶山，江华，宁远，道县，临武，湘乡*，安化*，中方*，洪江* 注：全省县级及县级以上设防城镇，设计地震分组均为第一组
17	广东省	1）抗震设防烈度为8度，设计基本地震加速度值为0.20g： 汕头（金平、濠江、龙湖、澄海），潮安，南澳，徐闻，潮州 2）抗震设防烈度为7度，设计基本地震加速度值为0.15g：

序号	省、市	内　　容
17	广东省	揭阳，揭东，汕头（潮阳、潮南），饶平 　　3）抗震设防烈度为7度，设计基本地震加速度值为0.10g： 　　广州（越秀、荔湾、海珠、天河、白云、黄埔、番禺、南沙、萝岗），深圳（福田、罗湖、南山、宝安、盐田），湛江（赤坎、霞山、坡头、麻章），汕尾，海丰，普宁，惠来，阳江，阳东，阳西，茂名（茂南、茂港），化州，廉江，遂溪，吴川，丰顺，中山，珠海（香洲、斗门、金湾），电白，雷州，佛山（顺德、南海、禅城*），江门（蓬江、江海、新会）*，陆丰* 　　4）抗震设防烈度为6度，设计基本地震加速度值为0.05g： 　　韶关（浈江、武江、曲江），肇庆（端州、鼎湖），广州（花都），深圳（尤岗），河源，揭西，东源，梅州，东莞，清远，清新，南雄，仁化，始兴，乳源，英德，佛冈，龙门，龙川，平远，从化，梅县，兴宁，五华，紫金，陆河，增城，博罗，惠州（惠城、惠阳），惠东，四会，云浮，云安，高要，佛山（三水、高明），鹤山，封开，郁南，罗定，信宜，新兴，开平，恩平，台山，阳春，高州，翁源，连平，和平，蕉岭，大埔，新丰* 　　注：全省县级及县级以上设防城镇，除大埔为设计地震第二组外，均为第一组
18	广西壮族自治区	1）抗震设防烈度为7度，设计基本地震加速度值为0.15g： 　　灵山，田东 　　2）抗震设防烈度为7度，设计基本地震加速度值为0.10g： 　　玉林，兴业，横县，北流，百色，田阳，平果，隆安，浦北，博白，乐业* 　　3）抗震设防烈度为6度，设计基本地震加速度值为0.05g： 　　南宁（青秀、兴宁、江南、西乡塘、良庆、邕宁），桂林（象山、叠彩、秀峰、七星、雁山），柳州（柳北、城中、鱼峰、柳南），梧州（长洲、万秀、蝶山），钦州（钦南、钦北），贵港（港北、港南），防城港（港口、防城），北海（海城、银海），兴安，灵川，临桂，永福，鹿寨，天峨，东兰，巴马，都安，大化，马山，融安，象州，武宣，桂平，平南，上林，宾阳，武鸣，大新，扶绥，东兴，合浦，钟山，贺州，藤县，苍梧，容县，岑溪，陆川，凤山，凌云，田林，隆林，西林，德保，靖西，那坡，天等，崇左，上思，龙州，宁明，融水，凭祥，全州 　　注：全自治区县级及县级以上设防城镇，设计地震分组均为第一组
19	海南省	1）抗震设防烈度为8度，设计基本地震加速度值为0.30g： 　　海口（龙华、秀英、琼山、美兰） 　　2）抗震设防烈度为8度，设计基本地震加速度值为0.20g： 　　文昌，定安 　　3）抗震设防烈度为7度，设计基本地震加速度值为0.15g： 　　澄迈 　　4）抗震设防烈度为7度，设计基本地震加速度值为0.10g： 　　临高，琼海，儋州，屯昌 　　5）抗震设防烈度为6度，设计基本地震加速度值为0.05g： 　　三亚，万宁，昌江，白沙，保亭，陵水，东方，乐东，五指山，琼中 　　注：全省县级及县级以上设防城镇，除屯昌、琼中为设计地震第二组外，均为第一组

序号	省、市	内　容
20	四川省	1) 抗震设防烈度不低于9度，设计基本地震加速度值不小于0.40g： 第二组：康定，西昌 2) 抗震设防烈度为8度，设计基本地震加速度值为0.30g： 第二组：冕宁* 3) 抗震设防烈度为8度，设计基本地震加速度值为0.20g： 第一组：茂县，汶川，宝兴 第二组：松潘，平武，北川（震前），都江堰，道孚，泸定，甘孜，炉霍，喜德，普格，宁南，理塘 第三组：九寨沟，石棉，德昌 4) 抗震设防烈度为7度，设计基本地震加速度值为0.15g： 第二组：巴塘，德格，马边，雷波，天全，芦山，丹巴，安县，青州，江油，绵竹，什邡，彭州，理县，剑阁* 第三组：荥经，汉源，昭觉，布拖，甘洛，越西，雅江，九龙，木里，盐源，会东，新龙 5) 抗震设防烈度为7度，设计基本地震加速度值为0.10g： 第一组：自贡（自流井、大安、贡井、沿滩） 第二组：绵阳（涪城、游仙），广元（利州、元坝、朝天），乐山（市中、沙湾），宜宾，宜宾县，峨边，沐川，屏山，得荣，雅安，中江，德阳，罗江，峨眉山，马尔康 第三组：成都（青羊、锦江、金牛、武侯、成华、龙泽泉、青白江、新都、温江），攀枝花（东区、西区、仁和），若尔盖，色达，壤塘，石渠，白玉，盐边，米易，乡城，稻城，双流，乐山（金口河、五通桥），名山，美姑，金阳，小金，会理，黑水，金川，洪雅，夹江，邛崃，蒲江，彭山，丹棱，眉山，青神，郫县，大邑，崇州，新津，金堂，广汉 6) 抗震设防烈度为6度，设计基本地震加速度值为0.05g： 第一组：泸州（江阳、纳溪、龙马潭），内江（市中、东兴），宣汉，达州，达县，大竹，邻水，渠县，广安，华蓥，隆昌，富顺，南溪，兴文，叙永，古蔺，资中，通江，万源，巴中，阆中，仪陇，西充，南部，射洪，大英，乐至，资阳 第二组：南江，苍溪，旺苍，盐亭，三台，简阳，泸县，江安，长宁，高县，珙县，仁寿，威远 第三组：犍为，荣县，梓潼，筠连，井研，阿坝，红原
21	贵州省	1) 抗震设防烈度为7度，设计基本地震加速度值为0.10g： 第一组：望谟 第三组：威宁 2) 抗震设防烈度为6度，设计基本地震加速度值为0.05g： 第一组：贵阳（乌当*、白云*、小河、南明、云岩溪），凯里，毕节，安顺，都匀，黄平，福泉，贵定，麻江镇，龙里，平坝，纳雍，织金，普定，六枝，镇宁，惠水顺，关岭，紫云，罗甸，兴仁，贞丰，安龙，金沙，印江水，习水，思南* 第二组：六盘水，水城，册亨 第三组：赫章，普安，晴隆，兴义，盘县

序号	省、市	内　容
22	云南省	1) 抗震设防烈度不低于9度，设计基本地震加速度值不小于0.40g： 第二组：寻甸，昆明（东川） 第三组：澜沧 2) 抗震设防烈度为8度，设计基本地震加速度值为0.30g： 第二组：剑川，嵩明，宜良，丽江，玉龙，鹤庆，永胜，潞西，龙陵，石屏，建水 第三组：耿马，双江，沧源，勐海，西盟，孟连 3) 抗震设防烈度为8度，设计基本地震加速度值为0.20g： 第二组：石林，玉溪，大理，巧家，江川，华宁，峨山，通海，洱源，宾川，弥渡，祥云，会泽，南涧 第三组：昆明（盘龙、五华、官渡、西山），普洱（原思茅市），保山，马龙，呈贡，澄江，晋宁，易门，漾濞，巍山，云县，腾冲，施甸，瑞丽，梁河，安宁，景洪，永德，镇康，临沧，凤庆*，陇川* 4) 抗震设防烈度为7度，设计基本地震加速度值为0.15g： 第二组：香格里拉，泸水，大关，永善，新平* 第三组：曲靖，弥勒，陆良，富民，禄劝，武定，兰坪，云龙，景谷，宁洱（原普洱），沾益，个旧，红河，元江，禄丰，双柏，开远，盈江，永平，昌宁，宁蒗，南华，楚雄，勐腊，华坪，景东* 5) 抗震设防烈度为7度，设计基本地震加速度值为0.10g： 第二组：盐津，绥江，德钦，贡山，水富 第三组：昭通，彝良，鲁甸，福贡，永仁，大姚，元谋，姚安，牟定，墨江，绿春，镇沅，江城，金平，富源，师宗，泸西，蒙自，元阳，维西，宣威 6) 抗震设防烈度为6度，设计基本地震加速度值为0.05g： 第一组：威信，镇雄，富宁，西畴，麻栗坡，马关 第二组：广南 第三组：丘北，砚山，屏边，河口，文山，罗平
23	西藏自治区	1) 抗震设防烈度不低于9度，设计基本地震加速度值不小于0.40g： 第三组：当雄，墨脱 2) 抗震设防烈度为8度，设计基本地震加速度值为0.30g： 第二组：申扎 第三组：米林，波密 3) 抗震设防烈度为8度，设计基本地震加速度值为0.20g： 第二组：普兰，聂拉木，萨嘎 第三组：拉萨，堆龙德庆，尼木，仁布，尼玛，洛隆，隆子，错那，曲松，那曲，林芝（八一镇），林周 4) 抗震设防烈度为7度，设计基本地震加速度值为0.15g： 第二组：札达，吉隆，拉孜，谢通门，亚东，洛扎，昂仁 第三组：日土，江孜，康马，白朗，扎囊，措美，桑日，加查，边坝，八宿，丁青，类乌齐，乃东，琼结，贡嘎，朗县，达孜，南木林，班戈，浪卡子，墨竹工卡，曲水，安多，聂荣，日喀则*，噶尔* 5) 抗震设防烈度为7度，设计基本地震加速度值为0.10g： 第一组：改则 第二组：措勤，仲巴，定结，芒康

序号	省、市	内　　容
23	西藏自治区	第三组：昌都，定日，萨迦，岗巴，巴青，工布江达，索县，比如，嘉黎，察雅，左贯，察隅，江达，贡觉 6）抗震设防烈度为6度，设计基本地震加速度值为0.05g： 第二组：革吉
24	陕西省	1）抗震设防烈度为8度，设计基本地震加速度值为0.20g： 第一组：西安（未央、莲湖、新城、碑林、灞桥、雁塔、阎良*、临潼），渭南，华县，华阴，潼关，大荔 第三组：陇县 2）抗震设防烈度为7度，设计基本地震加速度值为0.15g： 第一组：咸阳（秦都、渭城），西安（长安），高陵，兴平，周至，户县，蓝田 第二组：宝鸡（金台、渭滨、陈仓），咸阳（杨凌特区），千阳，岐山，凤翔，扶风，武功，眉县，三原，富平，澄城，蒲城，泾阳，礼泉，韩城，合阳，略阳 第三组：凤县 3）抗震设防烈度为7度，设计基本地震加速度值为0.10g： 第一组：安康，平利 第二组：洛南，乾县，勉县，宁强，南郑，汉中 第三组：白水，淳化，麟游，永寿，商洛（商州），太白，留坝，铜川（耀州、王益、印台*），柞水* 4）抗震设防烈度为6度，设计基本地震加速度值为0.05g： 第一组：延安，清涧，神木，佳县，米脂，绥德，安塞，延川，延长，志丹，甘泉，商南，紫阳，镇巴，子长*，子洲* 第二组：吴旗，富县，旬阳，白河，岚皋，镇坪 第三组：定边，府谷，吴堡，洛川，黄陵，旬邑，洋县，西乡，石泉，汉阴，宁陕，城固，宜川，黄龙，宜君，长武，彬县，佛坪，镇安，丹凤，山阳
25	甘肃省	1）抗震设防烈度不低于9度，设计基本地震加速度值不小于0.40g： 第二组：古浪 2）抗震设防烈度为8度，设计基本地震加速度值为0.30g： 第二组：天水（秦州、麦积），礼县，西和 第三组：白银（平川区） 3）抗震设防烈度为8度，设计基本地震加速度值为0.20g： 第二组：宕昌，肃北，陇南，成县，徽县，康县，文县 第三组：兰州（城关、七里河、西固、安宁），武威，永登，天祝，景泰，靖远，陇西，武山，秦安，清水，甘谷，漳县，会宁，静宁，庄浪，张家川，通渭，华亭，两当，舟曲 4）抗震设防烈度为7度，设计基本地震加速度值为0.15g： 第二组：康乐，嘉峪关，玉门，酒泉，高台，临泽，肃南 第三组：白银（白银区），兰州（红古区），永靖，岷县，东乡，和政，广河，临潭，卓尼，迭部，临洮，渭源，皋兰，崇信，榆中，定西，金昌，阿克塞，民乐，永昌，平凉 5）抗震设防烈度为7度，设计基本地震加速度值为0.10g： 第二组：张掖，合作，玛曲，金塔

序号	省、市	内　　容
25	甘肃省	第三组：敦煌，瓜洲，山丹，临夏，临夏县，夏河，碌曲，泾川，灵台，民勤，镇原，环县，积石山 6）抗震设防烈度为 6 度，设计基本地震加速度值为 0.05g： 第三组：华池，正宁，庆阳，合水，宁县，西峰
26	青海省	1）抗震设防烈度为 8 度，设计基本地震加速度值为 0.20g： 第二组：玛沁 第三组：玛多，达日 2）抗震设防烈度为 7 度，设计基本地震加速度值为 0.15g： 第二组：祁连 第三组：甘德，门源，治多，玉树 3）抗震设防烈度为 7 度，设计基本地震加速度值为 0.10g： 第二组：乌兰，称多，杂多，囊谦 第三组：西宁（城中、城东、城西、城北），同仁，共和，德令哈，海晏，湟源，湟中，平安，民和，化隆，贵德，尖扎，循化，格尔木，贵南，同德，河南，曲麻莱，久治，班玛，天峻，刚察，大通，互助，乐都，都兰，兴海 4）抗震设防烈度为 6 度，设计基本地震加速度值为 0.05g： 第三组：泽库
27	宁夏 回族自治区	1）抗震设防烈度为 8 度，设计基本地震加速度值为 0.30g： 第二组：海原 2）抗震设防烈度为 8 度，设计基本地震加速度值为 0.20g： 第一组：石嘴山（大武口、惠农），平罗 第二组：银川（兴庆、金凤、西夏），吴忠，贺兰，永宁，青铜峡，泾源，灵武，固原 第三组：西吉，中宁，中卫，同心，隆德 3）抗震设防烈度为 7 度，设计基本地震加速度值为 0.15g： 第三组：彭阳 4）抗震设防烈度为 6 度，设计基本地震加速度值为 0.05g： 第三组：盐池
28	新疆 维吾尔自治区	1）抗震设防烈度不低于 9 度，设计基本地震加速度值不小于 0.40g： 第三组：乌恰，塔什库尔干 2）抗震设防烈度为 8 度，设计基本地震加速度值为 0.30g： 第三组：阿图什，喀什，疏附 3）抗震设防烈度为 8 度，设计基本地震加速度值为 0.20g： 第一组：巴里坤 第二组：乌鲁木齐（天山、沙依巴克、新市、水磨沟、头屯河、米东），乌鲁木齐县，温宿，阿克苏，柯坪，昭苏，特克斯，库车，青河，富蕴，乌什* 第三组：尼勒克，新源，巩留，精河，乌苏，奎屯，沙湾，玛纳斯，石河子，克拉玛依（独山子），疏勒，伽师，阿克陶，英吉沙 4）抗震设防烈度为 7 度，设计基本地震加速度值为 0.15g：

序号	省、市	内　容
28	新疆维吾尔自治区	第一组：木垒 * 第二组：库尔勒，新和，轮台，和静，焉耆，博湖，巴楚，拜城，昌吉，阜康 * 第三组：伊宁，伊宁县，霍城，呼图壁，察布查尔，岳普湖 5）抗震设防烈度为7度，设计基本地震加速度值为0.10g： 第一组：鄯善 第二组：乌鲁木齐（达坂城），吐鲁番，和田，和田县，吉木萨尔，洛浦，奇台，伊吾，托克逊，和硕，尉犁，墨玉，策勒，哈密 * 第三组：五家渠，克拉玛依（克拉玛依区），博乐，温泉，阿合奇，阿瓦提，沙雅，图木舒克，莎车，泽普，叶城，麦盖提，皮山 6）抗震设防烈度为6度，设计基本地震加速度值为0.05g： 第一组：额敏，和布克赛尔 第二组：于田，哈巴河，塔城，福海，克拉玛依（马尔禾） 第三组：阿勒泰，托里，民丰，若羌，布尔津，吉木乃，裕民，克拉玛依（白碱滩），且末，阿拉尔
29	港澳特区和台湾省	1）抗震设防烈度不低于9度，设计基本地震加速度值不小于0.40g： 第二组：台中 第三组：苗栗，云林，嘉义，花莲 2）抗震设防烈度为8度，设计基本地震加速度值为0.30g： 第二组：台南 第三组：台北，桃园，基隆，宜兰，台东，屏东 3）抗震设防烈度为8度，设计基本地震加速度值为0.20g： 第三组：高雄，澎湖 4）抗震设防烈度为7度，设计基本地震加速度值为0.15g： 第一组：香港 5）抗震设防烈度为7度，设计基本地震加速度值为0.10g： 第一组：澳门

1.2.2　有利、一般、不利和危险地段的划分

表 1-2　　　　　　　　有利、一般、不利和危险地段的划分

地段类别	地质、地形、地貌
有利地段	稳定基岩，坚硬土，开阔、平坦、密实、均匀的中硬土等
一般地段	不属于有利、不利和危险的地段
不利地段	软弱土，液化土，条状凸出的山嘴，高耸孤立的山丘，陡坡，陡坎，河岸和边坡的边缘，平面分布上成因、岩性、状态明显不均匀的土层（含故河道、疏松的断层破碎带、暗埋的塘浜沟谷和半填半挖地基），高含水量的可塑黄土，地表存在结构性裂缝等
危险地段	地震时可能发生滑坡、崩塌、地陷、地裂、泥石流等及发震断裂带上可能发生地表错位的部位

1.2.3 土的类别划分和剪切波速范围

表 1-3　　　　　　　　　　土的类型划分和剪切波速范围

土的类型	岩土名称和性状	土层剪切波速范围/(m/s)
岩石	坚硬、较硬且完整的岩石	$v_s > 800$
坚硬土或软质岩石	破碎和较破碎的岩石或软和较软的岩石,密实的碎石土	$800 \geqslant v_s > 500$
中硬土	中密、稍密的碎石土,密实、中密的砾、粗、中砂,$f_{ak} > 150$ 的黏性土和粉土,坚硬黄土	$500 \geqslant v_s > 250$
中软土	稍密的砾、粗、中砂,除松散外的细、粉砂,$f_{ak} \leqslant 150$ 的黏性土和粉土,$f_{ak} > 130$ 的填土,可塑新黄土	$250 \geqslant v_s > 150$
软弱土	淤泥和淤泥质土,松散的砂,新近沉积的黏性土和粉土,$f_{ak} \leqslant 130$ 的填土,流塑黄土	$v_s \leqslant 150$

注　f_{ak} 为由载荷试验等方法得到的地基承载力特征值 (kPa);v_s 为岩土剪切波速。

1.2.4 各类建筑场地的覆盖层厚度

表 1-4　　　　　　　　　　各类建筑场地的覆盖层厚度　　　　　　　　（单位：m）

岩石的剪切波速或土的等效剪切波速/(m/s)	场 地 类 别				
	I_0	I_1	II	III	IV
$v_s > 800$	0				
$800 \geqslant v_s > 500$		0			
$500 \geqslant v_{se} > 250$		<5	$\geqslant 5$		
$250 \geqslant v_{se} > 150$		<3	3~50	>50	
$v_{se} \leqslant 150$		<3	3~15	15~50	>80

注　表中 v_s 系岩石的剪切波速。

1.2.5 发震断裂的最小避让距离

表 1-5　　　　　　　　　　发震断裂的最小避让距离　　　　　　　　（单位：m）

烈　　度	建筑抗震设防类别			
	甲	乙	丙	丁
8	专门研究	200	100	—
9	专门研究	400	200	—

1.2.6 局部突出地形地震影响系数的增大幅度

表1-6　　　　　局部突出地形地震影响系数的增大幅度

突出地形的高度 H/m	非岩质地层	$H<5$	$5\leqslant H<15$	$15\leqslant H<25$	$H\geqslant25$
	岩质地层	$H<20$	$20\leqslant H<40$	$40\leqslant H<60$	$H\geqslant60$
局部突出台地边缘的侧向平均坡降 (H/L)	$H/L<0.3$	0	0.1	0.2	0.3
	$0.3\leqslant H/L<0.6$	0.1	0.2	0.3	0.4
	$0.6\leqslant H/L<1.0$	0.2	0.3	0.4	0.5
	$H/L\geqslant1.0$	0.3	0.4	0.5	0.6

1.2.7 地基抗震承载力调整系数 ξ_a

表1-7　　　　　　　地基抗震承载力调整系数 ξ_a

岩土名称和性状	ξ_a
岩石，密实的碎石土，密实的砾、粗、中砂，$f_{ak}\geqslant300\text{kPa}$ 的黏性土和粉土	1.5
中密、稍密的碎石土，中密和稍密的砾、粗、中砂，密实和中密的细、粉砂，$150\text{kPa}\leqslant f_{ak}<300\text{kPa}$ 的黏性土和粉土，坚硬黄土	1.3
稍密的细、粉砂，$100\text{kPa}\leqslant f_{ak}<150\text{kPa}$ 的黏性土和粉土，可塑黄土	1.1
淤泥，淤泥质土，松散的砂，杂填土，新近堆积黄土及流塑黄土	1.0

1.2.8 液化土特征深度

表1-8　　　　　　　液化土特征深度　　　　　　（单位：m）

饱和土类别	7度	8度	9度
粉土	6	7	8
砂土	7	8	9

注　当区域的地下水位处于变动状态时，应按不利的情况考虑。

1.2.9 液化判别标准贯入锤击数基准值 N_0

表1-9　　　　　液化判别标准贯入锤击数基准值 N_0

设计基本地震加速度（g）	0.10	0.15	0.20	0.30	0.40
液化判别标准贯入锤击数基准值	7	10	12	16	19

1.2.10 液化等级与液化指数 I_{IE} 的对应关系

表1-10　　　　　液化等级与液化指数 I_{IE} 的对应关系

液化等级	轻　微	中　等	严　重
液化指数 I_{IE}	$0<I_{IE}\leqslant6$	$6<I_{IE}\leqslant18$	$I_{IE}>18$

1.2.11 液化等级和对建筑物的相应危害程度

表 1-11 液化等级和对建筑物的相应危害程度

液化等级	液化指数 I_{IE}（20m）	地面喷水冒砂情况	对建筑的危害情况
轻微	<6	地面无喷水冒砂，或仅在洼地、河边有零星的喷水冒砂点	危害性小，一般不致引起明显的震害
中等	6~18	喷水冒砂可能性大，从轻微到严重均有，多数属中等	危害性较大，可造成不均匀沉陷和开裂，有时不均匀沉陷可能达到200mm
严重	>18	一般喷水冒砂都很严重，地面变形很明显	危害性大，不均匀沉陷可能大于200mm，高重心结构可能产生不容许的倾斜

1.2.12 地基抗液化措施

表 1-12 地基抗液化措施

建筑抗震设防类别	地基的液化等级		
	轻　微	中　等	严　重
乙类	部分消除液化沉陷，或对基础和上部结构处理	全部消除液化沉陷，或部分消除液化沉陷且对基础和上部结构处理	全部消除液化沉陷
丙类	基础和上部结构处理，亦可不采取措施	基础和上部结构处理，或更高要求的措施	全部消除液化沉陷，或部分消除液化沉陷且对基础和上部结构处理
丁类	可不采取措施	可不采取措施	基础和上部结构处理，或其他经济的措施

注 甲类建筑的地基抗液化措施应进行专门研究，但不宜低于乙类的相应要求。

1.2.13 基础底面以下非软土层厚度

表 1-13 基础底面以下非软土层厚度

烈　度	基础底面以下非软土层厚度/m
7	≥0.5b且≥3
8	≥b且≥5
9	≥1.5b且≥8

注 b 为基础底面宽度（m）。

1.2.14 建筑桩基设计等级

表 1-14 建筑桩基设计等级

设计等级	建 筑 类 型
甲级	1) 重要的建筑 2) 30 层以上或高度超过 100m 的高层建筑 3) 体型复杂且层数相差超过 10 层的高低层（含纯地下室）连体建筑 4) 20 层以上框架-核心筒结构及其他对差异沉降有特殊要求的建筑 5) 场地和地基条件复杂的 7 层以上的一般建筑及坡地、岸边建筑 6) 对相邻既有工程影响较大的建筑
乙级	除甲级、丙级以外的建筑
丙级	场地和地基条件简单、荷载分布均匀的 7 层及 7 层以下的一般建筑

1.2.15 土层液化影响折减系数

表 1-15 土层液化影响折减系数

实际标贯锤击数/临界标贯锤击数	深度 d_s/m	折减系数
≤0.6	$d_s \leqslant 10$	0
	$10 < d_s \leqslant 20$	1/3
>0.6	$d_s \leqslant 10$	1/3
	$10 < d_s \leqslant 20$	2/3
>0.8	$d_s \leqslant 10$	2/3
	$10 < d_s \leqslant 20$	1

2

地震作用和结构抗震验算

2.1 公式速查

2.1.1 地震影响系数曲线的阻尼调整系数和形状参数

建筑结构的阻尼比按有关规定不等于 0.05 时，地震影响系数曲线的阻尼调整系数和形状参数应符合下列规定：

1）曲线下降段的衰减指数应按下式确定：

$$\gamma = 0.9 + \frac{0.05 - \zeta}{0.3 + 6\zeta}$$

式中　γ——曲线下降段的衰减指数；

　　　ζ——阻尼比。

2）直线下降段的下降斜率调整系数应按下式确定：

$$\eta_1 = 0.02 + \frac{0.05 - \zeta}{4 + 32\zeta}$$

式中　η_1——直线下降段的下降斜率调整系数，小于 0 时取 0；

　　　ζ——阻尼比。

3）阻尼调整系数应按下式确定：

$$\eta_2 = 1 + \frac{0.05 - \zeta}{0.08 + 1.6\zeta}$$

式中　η_2——阻尼调整系数，小于 0.55 时应取 0.55；

　　　ζ——阻尼比。

2.1.2 底部剪力法计算水平地震作用标准值

采用底部剪力法时，各楼层可仅取一个自由度，结构的水平地震作用标准值，应按下列公式确定（如图 2-1 所示）：

$$F_{Ek} = \alpha_1 G_{eq}$$

$$F_i = \frac{G_i H_i}{\sum_{j=1}^{n} G_j H_j} F_{Ek} (1 - \delta_n) \quad (i = 1, 2, \cdots, n)$$

$$\Delta F_n = \delta_n F_{Ek}$$

式中　F_{Ek}——结构总水平地震作用标准值；

　　　α_1——相应于结构基本自振周期的水平地震影响系数值，应按表 2-4 确定，多层砌体房屋、底部框架砌体房屋，宜取水平地震影响系数最大值；

　　　G_{eq}——结构等效总重力荷载，单质点应取总重力荷

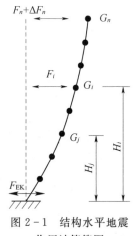

图 2-1　结构水平地震作用计算简图

载代表值，多质点可取总重力荷载代表值的85%；

F_i——质点 i 的水平地震作用标准值；

G_i、G_j——集中于质点 i、j 的重力荷载代表值，应取结构和构配件自重标准值和各可变荷载组合值之和，各可变荷载的组合值系数，应按表 2-3 采用；

H_i、H_j——质点 i、j 的计算高度；

δ_n——顶部附加地震作用系数，多层钢筋混凝土和钢结构房屋可按表 2-6 采用，其他房屋可采用 0.0；

ΔF_n——顶部附加水平地震作用。

2.1.3 振型分解反应谱法计算水平地震作用

采用振型分解反应谱法时，不进行扭转耦联计算的结构，应按下列规定计算其地震作用和作用效应：

1）结构 j 振型 i 质点的水平地震作用标准值，应按下列公式确定：

$$F_{ji} = \alpha_j \gamma_j X_{ji} G_i (i=1,2,\cdots,n; j=1,2,\cdots,m)$$

$$\gamma_i = \sum_{i=1}^{n} X_{ji} G_i \Big/ \sum_{i=1}^{n} X_{ji}^2 G_i$$

式中 F_{ji}——j 振型 i 质点的水平地震作用标准值；

α_j——相应于 j 振型自振周期的地震影响系数，应按表 2-4 确定；

G_i——集中于质点 i 的重力荷载代表值，应取结构和构配件自重标准值和各可变荷载组合值之和；各可变荷载的组合值系数，应按表 2-3 采用；

X_{ji}——j 振型 i 质点的水平相对位移；

γ_j——j 振型的参与系数。

2）水平地震作用效应（弯矩、剪力、轴向力和变形），相邻振型的周期比小于 0.85 时，可按下式确定：

$$S_{Ek} = \sqrt{\sum S_j^2}$$

式中 S_{Ek}——水平地震作用标准值的效应；

S_j——j 振型水平地震作用标准值的效应，可只取前 2 个或 3 个振型，基本自振周期大于 1.5s 或房屋高宽比大于 5 时，振型个数应适当增加。

2.1.4 扭转耦联振型分解法计算水平地震作用

按扭转耦联振型分解法计算时，各楼层可取两个正交的水平位移和一个转角共三个自由度，并应按下列公式计算结构的地震作用和作用效应。确有依据时，尚可采用简化计算方法确定地震作用效应。

1）j 振型 i 层的水平地震作用标准值，应按下列公式确定：

$$F_{xji} = \alpha_j \gamma_{tj} X_{ji} G_i$$
$$F_{yji} = \alpha_j \gamma_{tj} Y_{ji} G_i (i=1,2,\cdots,n; j=1,2,\cdots,m)$$

$$F_{tji} = \alpha_j \gamma_{tj} r_i^2 \varphi_{ji} G_i$$

式中 F_{xji}、F_{yji}、F_{tji}——j 振型 i 层的 x 方向、y 方向和转角方向的地震作用标
准值；

α_j——相应于 j 振型自振周期的地震影响系数，应按表 2-4
确定；

X_{ji}、Y_{ji}——j 振型 i 层质心在 x、y 方向的水平相对位移；

G_i——集中于质点 i 的重力荷载代表值，应取结构和构配件自重
标准值和各可变荷载组合值之和，各可变荷载的组合值系
数，应按表 2-3 采用；

φ_{ji}——j 振型 i 层的相对扭转角；

r_i——层转动半径，可取 i 层绕质心的转动惯量除以该层质量的
商的正二次方根；

γ_{tj}——计入扭转的 j 振型的参与系数，

$$\begin{cases} \blacktriangle \text{当仅取 } x \text{ 方向地震作用时} \\ \blacksquare \text{当仅取 } y \text{ 方向地震作用时} \\ \bigstar \text{当取与 } x \text{ 方向斜交的地震作用时} \end{cases}。$$

▲ 当仅取 x 方向地震作用时

$$\gamma_{xj} = \sum_{i=1}^{n} X_{ji} G_i \Big/ \Big[\sum_{i=1}^{n} (X_{ji}^2 + Y_{ji}^2 + \varphi_{ji}^2 r_i^2) G_i \Big]$$

式中 X_{ji}、Y_{ji}——j 振型 i 层质心在 x、y 方向的水平相对位移；

G_i——集中于质点 i 的重力荷载代表值，应取结构和构配件自重标准值
和各可变荷载组合值之和，各可变荷载的组合值系数，应按表
2-3 采用；

φ_{ji}——j 振型 i 层的相对扭转角；

r_i——层转动半径，可取 i 层绕质心的转动惯量除以该层质量的商的正
二次方根。

■ 仅取 y 方向地震作用时

$$\gamma_{yj} = \sum_{i=1}^{n} Y_{ji} G_i \Big/ \Big[\sum_{i=1}^{n} (X_{ji}^2 + Y_{ji}^2 + \varphi_{ji}^2 r_i^2) G_i \Big]$$

式中 X_{ji}、Y_{ji}——j 振型 i 层质心在 x、y 方向的水平相对位移；

G_i——集中于质点 i 的重力荷载代表值，应取结构和构配件自重标准值
和各可变荷载组合值之和，各可变荷载的组合值系数，应按表
2-3 采用；

φ_{ji}——j 振型 i 层的相对扭转角；

r_i——层转动半径，可取 i 层绕质心的转动惯量除以该层质量的商的正
二次方根。

★ 取与 x 方向斜交的地震作用时

$$\gamma_{tj} = \gamma_{xj}\cos\theta + \gamma_{yj}\sin\theta$$

式中 γ_{xj}、γ_{yj}——分别由前述两式求得的参与系数；

θ——地震作用方向与 x 方向的夹角。

2）单向水平地震作用下的扭转耦联效应，可按下列公式确定：

$$S_{Ek} = \sqrt{\sum_{j=1}^{m}\sum_{k=1}^{m}\rho_{jk}S_jS_k}$$

$$\rho_{jk} = \frac{8\sqrt{\zeta_j\zeta_k}(\zeta_j + \lambda_T\zeta_k)\lambda_T^{1.5}}{(1-\lambda_T^2)^2 + 4\zeta_j\zeta_k(1+\lambda_T^2)\lambda_T + 4(\zeta_j^2 + \zeta_k^2)\lambda_T^2}$$

式中 S_{Ek}——地震作用标准值的扭转效应；

S_j、S_k——j、k 振型地震作用标准值的效应，可取前 9～15 个振型；

ζ_j、ζ_k——j、k 振型的阻尼比；

ρ_{jk}——j 振型与 k 振型的耦联系数；

λ_T——k 振型与 j 振型的自振周期比。

3）双向水平地震作用下的扭转耦联效应，可按下列公式中的较大值确定：

$$S_{Ek} = \sqrt{S_x^2 + (0.85S_y)^2}$$

$$S_{Ek} = \sqrt{S_y^2 + (0.85S_x)^2}$$

或

$$S_{Ek} = \sqrt{\sum_{j=1}^{m}\sum_{k=1}^{m}\rho_{jk}S_jS_k}$$

式中 S_x、S_y——x 向、y 向单向水平地震作用计算的扭转效应；

S_j、S_k——j、k 振型地震作用标准值的效应，可取前 9～15 个振型；

ρ_{jk}——j 振型与 k 振型的耦联系数。

2.1.5 水平地震剪力的计算

抗震验算时，结构任一楼层的水平地震剪力应符合下式要求：

$$V_{EKi} > \lambda\sum_{j=1}^{n}G_j$$

式中 V_{EKi}——第 i 层对应于水平地震作用标准值的楼层剪力；

λ——剪力系数，不应小于表 2-8 规定的楼层最小地震剪力系数值，对竖向不规则结构的薄弱层，尚应乘以 1.15 的增大系数；

G_j——第 j 层的重力荷载代表值。

2.1.6 水平地震剪力的折减系数

高宽比小于 3 的结构，各楼层水平地震剪力的折减系数，可按下式计算：

$$\psi = \left(\frac{T_1}{T_1 + \Delta T}\right)^{0.9}$$

式中 ψ——计入地基与结构动力相互作用后的地震剪力折减系数；

T_1——按刚性地基假定确定的结构基本自振周期（s）；

ΔT——计入地基与结构动力相互作用的附加周期（s），可按表 2-9 采用。

2.1.7 竖向地震作用标准值的计算

抗震设防烈度为 9 度时的高层建筑，其竖向地震作用标准值应按下列公式确定（如图 2-2 所示）；楼层的竖向地震作用效应可按各构件承受的重力荷载代表值的比例分配，并宜乘以增大系数 1.5。

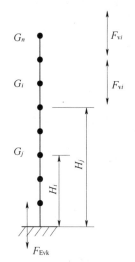

$$F_{Evk} = \alpha_{vmax} G_{eq}$$

$$F_{vi} = \frac{G_i H_i}{\sum G_j H_j} F_{Evk}$$

式中　F_{Evk}——结构竖向地震作用标准值；

　　　F_{vi}——质点 i 的竖向地震作用标准值；

　　　α_{vmax}——竖向地震影响系数的最大值，可取水平地震影响系数最大值的 65%；

　　　G_{eq}——结构等效总重力荷载，可取其重力荷载代表值的 75%；

　　G_i、G_j——集中于质点 i、j 的重力荷载代表值，应取结构和构配件自重标准值和各可变荷载组合值之和，各可变荷载的组合值系数，应按表 2-3 采用；

　　H_i、H_j——质点 i、j 的计算高度。

图 2-2　结构竖向地震作用计算简图

2.1.8 结构构件的地震作用效应和其他荷载效应的基本组合

结构构件的地震作用效应和其他荷载效应的基本组合，应按下式计算：

$$S = \gamma_G S_{GE} + \gamma_{Eh} S_{Ehk} + \gamma_{Gv} S_{Evk} + \psi_w \gamma_w S_{wk}$$

式中　S——结构构件内力组合的设计值，包括组合的弯矩、轴向力和剪力设计值等；

　　　γ_G——重力荷载分项系数，一般情况应采用 1.2，当重力荷载效应对构件承载能力有利时，不应大于 1.0；

　γ_{Eh}、γ_{Gv}——水平、竖向地震作用分项系数，应按表 2-11 采用；

　　　γ_w——风荷载分项系数，应采用 1.4；

　　　S_{GE}——重力荷载代表值的效应，应取结构和构配件自重标准值和各可变荷载组合值之和，各可变荷载的组合值系数，应按表 2-3 采用，但有吊车时，尚应包括悬吊物重力标准值的效应；

　　　S_{Ehk}——水平地震作用标准值的效应，尚应乘以相应的增大系数或调整系数；

　　　S_{Evk}——竖向地震作用标准值的效应，尚应乘以相应的增大系数或调整系数；

　　　S_{wk}——风荷载标准值的效应；

ψ_w——风荷载组合值系数，一般结构取 0.0，风荷载起控制作用的建筑应采用 0.2。

注：一般略去表示水平方向的下标。

2.1.9　结构构件的截面抗震验算

结构构件的截面抗震验算，应采用下列设计表达式：

$$S \leqslant R/\gamma_\mathrm{RE}$$

式中　S——结构构件内力组合的设计值，包括组合的弯矩、轴向力和剪力设计值等；

γ_RE——承载力抗震调整系数，除另有规定外，应按表 2-12 采用；

R——结构构件承载力设计值。

2.1.10　楼层内最大的弹性层间位移

表 2-13 所列各类结构应进行多遇地震作用下的抗震变形验算，其楼层内最大的弹性层间位移应符合下式要求：

$$\Delta u_\mathrm{e} \leqslant [\theta_\mathrm{e}]h$$

式中　Δu_e——多遇地震作用标准值产生的楼层内最大的弹性层间位移，计算时，除以弯曲变形为主的高层建筑外，可不扣除结构整体弯曲变形；应计入扭转变形，各作用分项系数均应采用 1.0；钢筋混凝土结构构件的截面刚度可采用弹性刚度；

$[\theta_\mathrm{e}]$——弹性层间位移角限值，宜按表 2-13 采用；

h——计算楼层层高。

2.1.11　弹塑性层间位移的计算

弹塑性层间位移可按下列公式计算：

$$\Delta u_\mathrm{p} = \eta_\mathrm{p}\Delta u_\mathrm{e}$$

或

$$\Delta u_\mathrm{p} = \mu\Delta u_\mathrm{y} = \frac{\eta_\mathrm{p}}{\xi_\mathrm{y}}\Delta u_\mathrm{y}$$

$$\Delta u_\mathrm{p} \leqslant [\theta_\mathrm{p}]h$$

式中　Δu_p——弹塑性层间位移；

Δu_y——层间屈服位移；

μ——楼层延性系数；

Δu_e——罕遇地震作用下按弹性分析的层间位移；

η_p——弹塑性层间位移增大系数，薄弱层（部位）的屈服强度系数不小于相邻层（部位）该系数平均值的 0.8 时，可按表 2-14 采用；不大于该平均值的 0.5 时，可按表内相应数值的 1.5 倍采用；其他情况可采用内插法取值；

ξ_y——楼层屈服强度系数；

$[\theta_p]$——弹塑性层间位移角限值，可按表 2 - 15 采用；对钢筋混凝土框架结构，轴压比小于 0.40 时，可提高 10%；柱子全高的箍筋构造比《建筑抗震设计规范》(GB 50011—2010) 第 6.3.9 条规定的体积配箍率大 30% 时，可提高 20%，但累计不超过 25%；

h——薄弱层楼层高度或单层厂房上柱高度。

2.2 数据速查

2.2.1 采用时程分析的房屋高度范围

表 2 - 1　　　　　　　　　　采用时程分析的房屋高度范围

烈度、场地类别	房屋高度范围/m
8 度 Ⅰ、Ⅱ 类场地和 7 度	＞100
8 度 Ⅲ、Ⅳ 类场地	＞80
9 度	＞60

2.2.2 时程分析所用地震加速度时程的最大值

表 2 - 2　　　　　时程分析所用地震加速度时程的最大值　　　（单位：cm/s^2）

地震影响	6 度	7 度	8 度	9 度
多遇地震	18	35 (55)	70 (110)	140
罕遇地震	125	220 (310)	400 (510)	620

注　括号内数值分别用于设计基本地震加速度为 0.15g 和 0.30g 的地区。

2.2.3 各可变荷载的组合值系数

表 2 - 3　　　　　　　　　　各可变荷载的组合值系数

可变荷载种类		组合值系数
雪荷载		0.5
屋面积灰荷载		0.5
屋面活荷载		不计入
按实际情况计算的楼面活荷载		1.0
按等效均布荷载计算的楼面活荷载	藏书库、档案库	0.8
	其他民用建筑	0.5
起重机悬吊物重力	硬钩吊车	0.3
	软钩吊车	不计入

注　硬钩吊车的吊重较大时，组合值系数应按实际情况采用。

2.2.4 水平地震影响系数最大值

表 2-4 水平地震影响系数最大值

地震影响	6 度	7 度	8 度	9 度
多遇地震	0.04	0.08 (0.12)	0.16 (0.24)	0.32
罕遇地震	0.28	0.50 (0.72)	0.90 (1.20)	1.40

注 括号中数值分别用于设计基本地震加速度为 0.15g 和 0.30g 的地区。

2.2.5 建筑结构地震特征周期值

表 2-5 建筑结构地震特征周期值 （单位：s）

设计地震分组	场 地 类 别				
	I_0	I_1	II	III	IV
第一组	0.20	0.25	0.35	0.45	0.65
第二组	0.25	0.30	0.40	0.55	0.75
第三组	0.30	0.35	0.45	0.65	0.90

2.2.6 顶部附加地震作用系数

表 2-6 顶部附加地震作用系数

T_g/s	$T_1 > 1.4T_g$	$T_1 \leqslant 1.4T_g$
$T_g \leqslant 0.35$	$0.08T_1 + 0.07$	
$0.35 < T_g \leqslant 0.55$	$0.08T_1 + 0.01$	0.0
$T_g > 0.55$	$0.08T_1 - 0.02$	

注 T_1 为结构基本自振周期。

2.2.7 突出屋面房屋地震作用增大系数

表 2-7 突出屋面房屋地震作用增大系数

结构基本自振周期 T_1/s	K_n/K G_n/G	0.001	0.010	0.050	0.100
0.25	0.01	2.0	1.6	1.5	1.5
	0.05	1.9	1.8	1.6	1.6
	0.10	1.9	1.8	1.6	1.5
0.50	0.01	2.6	1.9	1.7	1.7
	0.05	2.1	2.4	1.8	1.8
	0.10	2.2	2.4	2.0	1.8

结构基本自振 周期 T_1/s	K_n/K G_n/G	0.001	0.010	0.050	0.100
0.75	0.01	3.6	2.3	2.2	2.2
	0.05	2.7	3.4	2.5	2.3
	0.10	2.2	3.3	2.5	2.3
1.00	0.01	4.8	2.9	2.7	2.7
	0.05	3.6	4.3	2.9	2.7
	0.10	2.4	4.1	3.2	3.0
1.50	0.01	6.6	3.9	3.5	3.5
	0.05	3.7	5.8	3.8	3.6
	0.10	2.4	5.6	4.2	3.7

注 1. K_n、G_n——突出屋面房屋的侧向刚度和重力荷载代表值；K、G——主体结构层侧向刚度和重力荷载代表值，可取各层的平均值。

2. 楼层侧向刚度可由楼层剪力除以楼层层间位移计算。

2.2.8 楼层最小地震剪力系数值

表 2－8 楼层最小地震剪力系数值

类　别	6 度	7 度	8 度	9 度
扭转效应明显或基本周期小于 3.5s 的结构	0.008	0.016 (0.024)	0.032 (0.048)	0.064
基本周期大于 5.0s 的结构	0.006	0.012 (0.018)	0.024 (0.036)	0.048

注 1. 基本周期介于 3.5s 和 5s 之间的结构，按插入法取值。

2. 括号内数值分别用于设计基本地震加速度为 0.15g 和 0.30g 的地区。

2.2.9 地基与结构动力相互作用的附加周期

表 2－9　　　　　　　附　加　周　期　　　　　　（单位：s）

地　震　烈　度	场　地　类　别	
	Ⅲ	Ⅳ
8	0.08	0.20
9	0.10	0.25

2.2.10 竖向地震作用系数

表 2 - 10 竖向地震作用系数

结 构 类 型	地震烈度	场 地 类 别		
		I	II	III、IV
平板型网架、钢屋架	8	可不计算 (0.10)	0.08 (0.12)	0.10 (0.15)
	9	0.15	0.15	0.20
钢筋混凝土屋架	8	0.10 (0.15)	0.13 (0.19)	0.13 (0.19)
	9	0.20	0.25	0.25

注 括号中数值用于设计基本地震加速度为 0.30g 的地区。

2.2.11 地震作用分项系数

表 2 - 11 地震作用分项系数

地 震 作 用	γ_{Eh}	γ_{Ev}
仅计算水平地震作用	1.3	0.0
仅计算竖向地震作用	0.0	1.3
同时计算水平与竖向地震作用（水平地震为主）	1.3	0.5
同时计算水平与竖向地震作用（竖向地震为主）	0.5	1.3

2.2.12 承载力抗震调整系数

表 2 - 12 承载力抗震调整系数

材料	结 构 构 件	受力状态	γ_{RE}
钢	柱、梁、支撑、节点板件、螺栓、焊缝	强度	0.75
	柱、支撑	稳定	0.80
砌体	两端均有构造柱、芯柱的抗震墙	受剪	0.9
	其他抗震墙	受剪	1.0
混凝土	梁	受弯	0.75
	轴压比小于 0.15 的柱	偏压	0.75
	轴压比不小于 0.15 的柱	偏压	0.80
	抗震墙	偏压	0.85
	各类构件	受剪、偏拉	0.85

2.2.13 弹性层间位移角限值

表 2 - 13   弹性层间位移角限值

结 构 类 型	$[\theta_e]$
钢筋混凝土框架	1/550
钢筋混凝土框架-抗震墙、板柱-抗震墙、框架-核心筒	1/800
钢筋混凝土抗震墙、筒中筒	1/1000
钢筋混凝土框支层	1/1000
多、高层钢结构	1/250

2.2.14 弹塑性层间位移增大系数

表 2 - 14   弹塑性层间位移增大系数

结构类型	总层数 n 或部位	ξ_y		
		0.5	0.4	0.3
多层均匀框架结构	2～4	1.30	1.40	1.60
	5～7	1.50	1.65	1.80
	8～12	1.80	2.00	2.20
单层厂房	上柱	1.30	1.60	2.00

2.2.15 弹塑性层间位移角限值

表 2 - 15   弹塑性层间位移角限值

结 构 类 型	$[\theta_p]$
单层钢筋混凝土柱排架	1/30
钢筋混凝土框架	1/50
底部框架砌体房屋中的框架抗震墙	1/100
钢筋混凝土框架-抗震墙、板柱-抗震墙、框架-核心筒	1/100
钢筋混凝土抗震墙、筒中筒	1/120
多、高层钢结构	1/50

3

多层和高层钢筋混凝土房屋

3.1 公式速查

3.1.1 柱端组合的弯矩设计值

一、二、三、四级框架的梁柱节点处，除框架顶层和柱轴压比小于0.15者及框支梁与框支柱的节点外，柱端组合的弯矩设计值应符合下式要求：

$$\sum M_c = \eta_c \sum M_b$$

式中　$\sum M_c$——节点上下柱端截面顺时针或逆时针方向组合的弯矩设计值之和，上下柱端的弯矩设计值，可按弹性分析分配；

$\sum M_b$——节点左右梁端截面逆时针或顺时针方向组合的弯矩设计值之和，一级框架节点左右梁端均为负弯矩时，绝对值较小的弯矩应取0；

η_c——框架柱端弯矩增大系数，对框架结构，一、二、三、四级可分别取1.7、1.5、1.3、1.2；其他结构类型中的框架，一级可取1.4，二级可取1.2，三、四级可取1.1。

一级的框架结构和9度的一级框架可不符合上式要求，但应符合下式要求：

$$\sum M_c = 1.2 \sum M_{bua}$$

式中　$\sum M_c$——节点上下柱端截面顺时针或逆时针方向组合的弯矩设计值之和，上下柱端的弯矩设计值，可按弹性分析分配；

$\sum M_{bua}$——节点左右梁端截面逆时针或顺时针方向实配的正截面抗震受弯承载力所对应的弯矩值之和，根据实配钢筋面积（计入梁受压筋和相关楼板钢筋）和材料强度标准值确定。

3.1.2 梁端截面组合的剪力设计值

一、二、三级的框架梁和抗震墙的连梁，其梁端截面组合的剪力设计值应按下式调整：

$$V = \eta_{vb}(M_b^l + M_b^r)/l_n + V_{Gb}$$

式中　V——梁端截面组合的剪力设计值；

η_{vb}——梁端剪力增大系数，一级可取1.3，二级可取1.2，三级可取1.1；

M_b^l、M_b^r——梁左右端逆时针或顺时针方向组合的弯矩设计值，一级框架两端弯矩均为负弯矩时，绝对值较小的弯矩应取0；

l_n——梁的净跨；

V_{Gb}——梁在重力荷载代表值（9度时高层建筑还应包括竖向地震作用标准值）作用下，按简支梁分析的梁端截面剪力设计值。

一级的框架结构和9度的一级框架梁、连梁可不按上式调整，但应符合下式要求：

$$V = 1.1(M_{bua}^l + M_{bua}^r)/l_n + V_{Gb}$$

式中 V——梁端截面组合的剪力设计值；

l_n——梁的净跨；

V_{Gb}——梁在重力荷载代表值（9度时高层建筑还应包括竖向地震作用标准值）作用下，按简支梁分析的梁端截面剪力设计值；

M_{bua}^l、M_{bua}^r——梁左右端逆时针或顺时针方向实配的正截面抗震受弯承载力所对应的弯矩值，根据实配钢筋面积（计入受压筋和相关楼板钢筋）和材料强度标准值确定。

3.1.3 柱组合的剪力设计值

一、二、三、四级的框架柱和框支柱组合的剪力设计值应按下式调整：

$$V = \eta_{vc}(M_c^b + M_c^t)/H_n$$

式中 V——柱端截面组合的剪力设计值，框支柱的剪力设计值尚应符合《建筑抗震设计规范》（GB 50011—2010）第6.2.10条的规定；

η_{vc}——柱剪力增大系数，对框架结构，一、二、三、四级可分别取1.5、1.3、1.2、1.1；对其他结构类型的框架，一级可取1.4，二级可取1.2，三、四级可取1.1；

M_c^b、M_c^t——柱的上下端顺时针或逆时针方向截面组合的弯矩设计值，应符合《建筑抗震设计规范》（GB 50011—2010）第6.2.2、6.2.3条的规定；框支柱的弯矩设计值尚应符合《建筑抗震设计规范》（GB 50011—2010）第6.2.10条的规定；

H_n——柱的净高。

一级的框架结构和9度的一级框架可不按上式调整，但应符合下式要求：

$$V = 1.2(M_{cua}^b + M_{cua}^t)/H_n$$

式中 V——柱端截面组合的剪力设计值，框支柱的剪力设计值尚应符合《建筑抗震设计规范》（GB 50011—2010）第6.2.10条的规定；

H_n——柱的净高；

M_{cua}^b、M_{cua}^t——偏心受压柱的上下端顺时针或逆时针方向实配的正截面抗震受弯承载力所对应的弯矩值，根据实配钢筋面积、材料强度标准值和轴压力等确定。

3.1.4 抗震墙底部加强部位截面组合的剪力设计值

一、二、三级的抗震墙底部加强部位，其截面组合的剪力设计值应按下式调整：

$$V = \eta_{vw} V_w$$

式中 V——抗震墙底部加强部位截面组合的剪力设计值；

V_w——抗震墙底部加强部位截面组合的剪力计算值；

η_{vw}——抗震墙剪力增大系数，一级可取1.6，二级可取1.4，三级可取1.2。

9度的一级可不按上式调整，但应符合下式要求：

$$V = 1.1 \frac{M_{wua}}{M_w} V_w$$

式中 V——抗震墙底部加强部位截面组合的剪力设计值；

        V_w——抗震墙底部加强部位截面组合的剪力计算值；

   M_{wua}——抗震墙底部截面按实配纵向钢筋面积、材料强度标准值和轴力等计算的抗震受弯承载力所对应的弯矩值，有翼墙时应计入墙两侧各一倍翼墙厚度范围内的纵向钢筋；

     M_w——抗震墙底部截面组合的弯矩设计值。

3.1.5 钢筋混凝土结构的梁、柱、抗震墙和连梁截面组合的剪力设计值

钢筋混凝土结构的梁、柱、抗震墙和连梁，其截面组合的剪力设计值应符合下列要求：

跨高比大于 2.5 的梁和连梁及剪跨比大于 2 的柱和抗震墙：

$$V \leqslant \frac{1}{\gamma_{RE}} (0.20 f_c b h_0)$$

式中 γ_{RE}——承载力抗震调整系数，除另有规定外，应按表 2-12 采用；

      f_c——混凝土轴心抗压强度设计值；

      b——梁、柱截面宽度或抗震墙墙肢截面宽度，圆形截面柱可按面积相等的方形截面柱计算；

     h_0——截面有效高度，抗震墙可取墙肢长度。

跨高比不大于 2.5 的连梁、剪跨比不大于 2 的柱和抗震墙、部分框支抗震墙结构的框支柱和框支梁，以及落地抗震墙的底部加强部位：

$$V \leqslant \frac{1}{\gamma_{RE}} (0.15 f_c b h_0)$$

式中 γ_{RE}——承载力抗震调整系数，除另有规定外，应按表 2-12 采用；

      f_c——混凝土轴心抗压强度设计值；

      b——梁、柱截面宽度或抗震墙墙肢截面宽度，圆形截面柱可按面积相等的方形截面柱计算；

     h_0——截面有效高度，抗震墙可取墙肢长度。

剪跨比应按下式计算：

$$\lambda = M^c / (V^c h_0)$$

式中 λ——剪跨比，应按柱端或墙端截面组合的弯矩计算值 M^c、对应的截面组合剪力计算值 V^c 及截面有效高度 h_0 确定，并取上下端计算结果的较大值；反弯点位于柱高中部的框架柱可按柱净高与 2 倍柱截面高度之比计算。

3.1.6 框架梁柱节点核芯区组合的剪力设计值

一、二、三级框架梁柱节点核芯区组合的剪力设计值，应按下列公式确定：

$$V_j = \frac{\eta_{jb} \sum M_b}{h_{b0} - a_s'} \left(1 - \frac{h_{b0} - a_s'}{H_c - h_b}\right)$$

式中 V_j——梁柱节点核芯区组合的剪力设计值;

h_{b0}——梁截面的有效高度,节点两侧梁截面高度不等时可采用平均值;

a_s'——梁受压钢筋合力点至受压边缘的距离;

H_c——柱的计算高度,可采用节点上、下柱反弯点之间的距离;

h_b——梁的截面高度,节点两侧梁截面高度不等时可采用平均值;

$\sum M_b$——节点左右梁端逆时针或顺时针方向组合弯矩设计值之和,一级框架节点左右梁端均为负弯矩时,绝对值较小的弯矩应取 0;

η_{jb}——强节点系数,对于框架结构,一级宜取 1.5,二级宜取 1.35,三级宜取 1.2;对于其他结构中的框架,一级宜取 1.35,二级宜取 1.2,三级宜取 1.1。

一级框架结构和抗震设防烈度为 9 度的一级框架可不按上式确定,但应符合下式:

$$V_j = \frac{1.15 \sum M_{bua}}{h_{b0} - a_s'} \left(1 - \frac{h_{b0} - a_s'}{H_c - h_b}\right)$$

式中 V_j——梁柱节点核芯区组合的剪力设计值;

h_{b0}——梁截面的有效高度,节点两侧梁截面高度不等时可采用平均值;

a_s'——梁受压钢筋合力点至受压边缘的距离;

H_c——柱的计算高度,可采用节点上、下柱反弯点之间的距离;

h_b——梁的截面高度,节点两侧梁截面高度不等时可采用平均值;

$\sum M_{bua}$——节点左右梁端逆时针或顺时针方向实配的正截面抗震受弯承载力所对应的弯矩值之和,可根据实配钢筋面积(计入受压筋)和材料强度标准值确定。

3.1.7 核芯区截面有效验算宽度

核芯区截面有效验算宽度,应按下列规定采用:

1) 核芯区截面有效验算宽度,验算方向的梁截面宽度不小于该侧柱截面宽度的 1/2 时,可采用该侧柱截面宽度;小于柱截面宽度的 1/2 时可采用下列二者的较小值:

$$b_j = b_b + 0.5 h_c$$

$$b_j = b_c$$

式中 b_j——节点核芯区的截面有效验算宽度;

b_b——梁截面宽度;

h_c——验算方向的柱截面高度;

b_c——验算方向的柱截面宽度。

2) 梁、柱的中线不重合且偏心距不大于柱宽的 1/4 时，核芯区的截面有效验算宽度可采用上款和下式计算结果的较小值。

$$b_j = 0.5(b_b + b_c) + 0.25h_c - e$$

式中　b_j——节点核芯区的截面有效验算宽度；

　　　b_b——梁截面宽度；

　　　h_c——验算方向的柱截面高度；

　　　b_c——验算方向的柱截面宽度；

　　　e——梁与柱中线偏心距。

3.1.8　节点核芯区组合的剪力设计值

节点核芯区组合的剪力设计值，应符合下列要求：

$$V_j \leqslant \frac{1}{\gamma_{RE}}(0.30\eta_j f_c b_j h_j)$$

式中　η_j——正交梁的约束影响系数，楼板为现浇、梁柱中线重合、四侧各梁截面宽度不小于该侧柱截面宽度的 1/2，且正交方向梁高度不小于框架梁高度的 3/4 时，可采用 1.5，抗震设防烈度为 9 度的一级宜采用 1.25；其他情况均采用 1.0；

　　　f_c——混凝土轴心抗压强度设计值；

　　　b_j——节点核芯区的截面有效验算宽度；

　　　h_j——节点核芯区的截面高度，可采用验算方向的柱截面高度；

　　　γ_{RE}——承载力抗震调整系数，可采用 0.85。

3.1.9　节点核芯区截面抗震受剪承载力计算

节点核芯区截面抗震受剪承载力，应采用下列公式验算：

$$V_j \leqslant \frac{1}{\gamma_{RE}}\left(1.1\eta_j f_t b_j h_j + 0.05\eta_j N \frac{b_j}{b_c} + f_{yv} A_{svj} \frac{h_{b0} - a_s'}{s}\right)$$

式中　γ_{RE}——承载力抗震调整系数，除另有规定外，应按表 2-12 采用；

　　　η_j——正交梁的约束影响系数，楼板为现浇、梁柱中线重合、四侧各梁截面宽度不小于该侧柱截面宽度的 1/2，且正交方向梁高度不小于框架梁高度的 3/4 时，可采用 1.5，抗震设防烈度为 9 度的一级宜采用 1.25；其他情况均采用 1.0；

　　　N——对应于组合剪力设计值的上柱组合轴向压力较小值，其取值不应大于柱的截面面积和混凝土轴心抗压强度设计值的乘积的 50%；N 为拉力时，取 $N=0$；

　　　f_{yv}——箍筋的抗拉强度设计值；

　　　f_t——混凝土轴心抗拉强度设计值；

　　　b_j——节点核芯区的截面有效验算宽度；

b_c——验算方向的柱截面宽度；

h_j——节点核芯区的截面高度，可采用验算方向的柱截面高度；

A_{svj}——核芯区有效验算宽度范围内同一截面验算方向箍筋的总截面面积；

h_{b0}——梁截面的有效高度，节点两侧梁截面高度不等时可采用平均值；

a'_s——梁受压钢筋合力点至受压边缘的距离；

s——箍筋间距。

抗震设防烈度为 9 度的一级节点核芯区截面抗震受剪承载力

$$V_j \leqslant \frac{1}{\gamma_{RE}} \left(0.9 \eta_j f_t b_j h_j + f_{yv} A_{svj} \frac{h_{b0} - a'_s}{s} \right)$$

式中　γ_{RE}——承载力抗震调整系数，除另有规定外，应按表 2-12 采用；

　　　η_j——正交梁的约束影响系数，楼板为现浇、梁柱中线重合、四侧各梁截面宽度不小于该侧柱截面宽度的 1/2，且正交方向梁高度不小于框架梁高度的 3/4 时，可采用 1.5；9 度的一级宜采用 1.25；其他情况均采用 1.0；

　　　f_{yv}——箍筋的抗拉强度设计值；

　　　f_t——混凝土轴心抗拉强度设计值；

　　　b_j——节点核芯区的截面有效验算宽度；

　　　h_j——节点核芯区的截面高度，可采用验算方向的柱截面高度；

　　　A_{svj}——核芯区有效验算宽度范围内同一截面验算方向箍筋的总截面面积；

　　　h_{b0}——梁截面的有效高度，节点两侧梁截面高度不等时可采用平均值；

　　　a'_s——梁受压钢筋合力点至受压边缘的距离；

　　　s——箍筋间距。

3.1.10　圆柱框架梁柱节点核芯区组合的剪力设计值

梁中线与柱中线重合时，圆柱框架梁柱节点核芯区组合的剪力设计值应符合下列要求：

$$V_j \leqslant \frac{1}{\gamma_{RE}} (0.30 \eta_j f_c A_j)$$

式中　γ_{RE}——承载力抗震调整系数，除另有规定外，应按表 2-12 采用；

　　　η_j——正交梁的约束影响系数，楼板为现浇、梁柱中线重合、四侧各梁截面宽度不小于该侧柱截面宽度的 1/2，且正交方向梁高度不小于框架梁高度的 3/4 时，可采用 1.5；9 度的一级宜采用 1.25；其他情况均采用 1.0；其中柱截面宽度按柱直径采用；

　　　f_c——混凝土轴心抗压强度设计值；

　　　A_j——节点核芯区有效截面面积，梁宽（b_b）不小于柱直径（D）之半时，取 $A_j = 0.8 D^2$；梁宽（b_b）小于柱直径（D）之半且不小于 $0.4D$ 时，

取 $A_j = 0.8D(b_b + D/2)$。

3.1.11 圆柱框架梁柱节点核芯区截面抗震受剪承载力计算

梁中线与柱中线重合时，圆柱框架梁柱节点核芯区截面抗震受剪承载力应采用下列公式验算：

$$V_j \leqslant \frac{1}{\gamma_{RE}} \left(1.5\eta_j f_t A_j + 0.05\eta_j \frac{N}{D^2} A_j + 1.57 f_{yv} A_{sh} \frac{h_{b0} - a_s'}{s} + f_{yv} A_{svj} \frac{h_{b0} - a_s'}{s} \right)$$

式中 γ_{RE}——承载力抗震调整系数，除另有规定外，应按表 2-12 采用；

       η_j——正交梁的约束影响系数，楼板为现浇、梁柱中线重合、四侧各梁截面宽度不小于该侧柱截面宽度的 1/2，且正交方向梁高度不小于框架梁高度的 3/4 时，可采用 1.5；抗震设防烈度为 9 度的一级宜采用 1.25；其他情况均采用 1.0；

       f_t——混凝土轴心抗拉强度设计值；

       A_j——节点核芯区有效截面面积，梁宽（b_b）不小于柱直径（D）之半时，取 $A_j = 0.8D^2$；梁宽（b_b）小于柱直径（D）之半且不小于 0.4D 时，取 $A_j = 0.8D(b_b + D/2)$；

       f_{yv}——箍筋的抗拉强度设计值；

       A_{sh}——单根圆形箍筋的截面面积；

       A_{svj}——同一截面验算方向的拉筋和非圆形箍筋的总截面面积；

       D——圆柱截面直径；

       N——轴向力设计值，按一般梁柱节点的规定取值；

       h_{b0}——梁截面的有效高度，节点两侧梁截面高度不等时可采用平均值；

       a_s'——梁受压钢筋合力点至受压边缘的距离；

       s——箍筋间距。

抗震设防烈度为 9 度的一级节点核芯区截面抗震受剪承载力：

$$V_j \leqslant \frac{1}{\gamma_{RE}} \left(1.2\eta_j f_t A_j + 1.57 f_{yv} A_{sh} \frac{h_{b0} - a_s'}{s} + f_{yv} A_{svj} \frac{h_{b0} - a_s'}{s} \right)$$

式中 γ_{RE}——承载力抗震调整系数，除另有规定外，应按表 2-12 采用；

       η_j——正交梁的约束影响系数，楼板为现浇、梁柱中线重合、四侧各梁截面宽度不小于该侧柱截面宽度的 1/2，且正交方向梁高度不小于框架梁高度的 3/4 时，可采用 1.5，抗震设防烈度为 9 度的一级宜采用 1.25；其他情况均采用 1.0；

       f_t——混凝土轴心抗拉强度设计值；

       A_j——节点核芯区有效截面面积，梁宽（b_b）不小于柱直径（D）之半时，取 $A_j = 0.8D^2$；梁宽（b_b）小于柱直径（D）之半且不小于 0.4D 时，取 $A_j = 0.8D(b_b + D/2)$；

f_{yv}——箍筋的抗拉强度设计值；

A_{sh}——单根圆形箍筋的截面面积；

A_{svj}——同一截面验算方向的拉筋和非圆形箍筋的总截面面积；

h_{b0}——梁截面的有效高度，节点两侧梁截面高度不等时可采用平均值；

a'_s——梁受压钢筋合力点至受压边缘的距离；

s——箍筋间距。

3.1.12 扁梁的截面尺寸

扁梁的截面尺寸应符合下列要求，并应满足现行有关规范对挠度和裂缝宽度的规定：

$$b_b \leqslant 2b_c$$
$$b_b \leqslant b_c + h_b$$
$$h_b \geqslant 16d$$

式中 b_c——柱截面宽度，圆形截面取柱直径的 0.8 倍；

b_b、h_b——梁截面宽度和高度；

d——柱纵筋直径。

3.1.13 柱箍筋加密区的体积配箍率

柱箍筋加密区的体积配箍率应符合下式要求：

$$\rho_v \geqslant \lambda_v f_c / f_{yv}$$

式中 ρ_v——柱箍筋加密区的体积配箍率，一级不应小于 0.8%，二级不应小于 0.6%，三、四级不应小于 0.4%；计算复合螺旋箍的体积配箍率时，其非螺旋箍的箍筋体积应乘以折减系数 0.80；

f_c——混凝土轴心抗压强度设计值，强度等级低于 C35 时，应按 C35 计算；

f_{yv}——箍筋或拉筋抗拉强度设计值；

λ_v——最小配箍特征值，宜按表 3-23 采用。

3.1.14 板底连续钢筋总截面面积的计算

沿两个主轴方向通过柱截面的板底连续钢筋的总截面面积，应符合下式要求：

$$A_s \geqslant N_G / f_y$$

式中 A_s——板底连续钢筋总截面面积；

N_G——在本层楼板重力荷载代表值（抗震设防烈度为 8 度时尚宜计入竖向地震）作用下的柱轴压力设计值；

f_y——楼板钢筋的抗拉强度设计值。

3.1.15 部分框支抗震墙结构的框支层楼板剪力设计值

部分框支抗震墙结构的框支层楼板剪力设计值，应符合下列要求：

$$V_f \leqslant \frac{1}{\gamma_{RE}}(0.1 f_c b_f t_f)$$

式中 V_f——由不落地抗震墙传到落地抗震墙处按刚性楼板计算的框支层楼板组合
的剪力设计值，8 度时应乘以增大系数 2；7 度时应乘以增大系数 1.5；．．
验算落地抗震墙时不考虑此项增大系数；

f_c——混凝土轴心抗压强度设计值；

b_f、t_f——框支层楼板的宽度和厚度；

γ_{RE}——承载力抗震调整系数，可采用 0.85。

3.1.16 部分框支抗震墙结构的框支层楼板与落地抗震墙交接截面的受剪承载力计算

部分框支抗震墙结构的框支层楼板与落地抗震墙交接截面的受剪承载力，应按
下列公式验算：

$$V_f \leqslant \frac{1}{\gamma_{RE}}(0.1 f_c A_s)$$

式中 V_f——由不落地抗震墙传到落地抗震墙处按刚性楼板计算的框支层楼板组合
的剪力设计值，8 度时应乘以增大系数 2；7 度时应乘以增大系数 1.5；
验算落地抗震墙时不考虑此项增大系数；

f_c——混凝土轴心抗压强度设计值；

A_s——穿过落地抗震墙的框支层楼盖（包括梁和板）的全部钢筋的截面面积；

γ_{RE}——承载力抗震调整系数，可采用 0.85。

3.2 数据速查

3.2.1 现浇钢筋混凝土房屋适用的最大高度

表 3 - 1　　　　　　　　现浇钢筋混凝土房屋适用的最大高度　　　　　（单位：m）

结 构 类 型		抗震设防烈度				
		6	7	8 (0.2g)	8 (0.3g)	9
框架		60	50	40	35	24
框架-抗震墙		130	120	100	80	50
抗震墙		140	120	100	80	60
部分框支抗震墙		120	100	80	50	不应采用
筒体	框架-核心筒	150	130	100	90	70
	筒中筒	180	150	120	100	80
板柱-抗震墙		80	70	55	40	不应采用

注 1. 房屋高度指室外地面到主要屋面板板顶的高度（不包括局部凸出屋顶部分）。
　　2. 框架-核心筒结构指周边稀柱框架与核心筒组成的结构。
　　3. 部分框支抗震墙结构指首层或底部两层为框支层的结构，不包括仅个别框支墙的情况。
　　4. 表中框架，不包括异形柱框架。
　　5. 板柱-抗震墙结构指板柱、框架和抗震墙组成抗侧力体系的结构。
　　6. 乙类建筑可按本地区抗震设防烈度确定其适用的最大高度。
　　7. 超过表内高度的房屋，应进行专门研究和论证，采取有效的加强措施。

3.2.2 现浇钢筋混凝土房屋的抗震等级

表 3-2　　　　　　　　　　现浇钢筋混凝土房屋的抗震等级

结构类型		6	7	8	9
框架结构	高度	≤24　>24	≤24　>24	≤24　>24	≤24
	框架	四　三	三　二	二　一	一
	大跨度框架	三	二	一	一
框架-抗震墙结构	高度/m	≤60　>60	≤24　25～60　>60	≤24　25～60　>60	≤24　25～50
	框架	四　三	四　三　二	二　一	二　一
	抗震墙	三　三	二　二	一　一	—
抗震墙结构	高度/m	≤80　>80	≤24　25～80　>80	≤24　25～80　>80	≤24　25～60
	抗震墙	四　三	四　三　二	三　二	二　一
部分框支抗震墙结构	高度/m	≤80　>80	≤24　25～80　>80	≤24　25～80	—
	抗震墙　一般部位	四　三	四　三　二	三　二	—
	抗震墙　加强部位	三　二	三　二　一	二　一	—
	框支层框架	二	二	一	—
框架-核心筒结构	框架	三	二	一	一
	核心筒	二	二	一	一
筒中筒结构	外筒	三	二	一	一
	内筒	三	二	一	一
板柱-抗震墙结构	高度/m	≤35　>35	≤35　>35	≤35　>35	—
	框架、板柱的柱	三　二	二　二	一　一	—
	抗震墙	二　二	二　二	二　一	—

注　1. 建筑场地为Ⅰ类时，除6度外应允许按表内降低一度所对应的抗震等级采取抗震构造措施，但相应的计算要求不应降低。

　　2. 接近或等于高度分界时，应允许结合房屋不规则程度及场地、地基条件确定抗震等级。

　　3. 大跨度框架指跨度不小于18m的框架。

　　4. 高度不超过60m的框架-核心筒结构按框架-抗震墙的要求设计时，应按表中框架-抗震墙结构的规定确定其抗震等级。

3.2.3 钢筋混凝土高层建筑结构的高宽比

表 3-3 钢筋混凝土高层建筑结构的高宽比

结 构 体 系	非抗震设计	抗震设防烈度		
		6、7	8	9
框架	5	4	3	—
板柱-剪力墙	6	5	4	—
框架-剪力墙、剪力墙	7	6	5	4
框架-核心筒	8	7	6	4
筒中筒	8	8	7	5

3.2.4 抗震墙之间楼屋盖的长宽比

表 3-4 抗震墙之间楼屋盖的长宽比

楼、屋盖类型		抗震设防烈度			
		6	7	8	9
框架-抗震墙结构	现浇或叠合楼、屋盖	4	4	3	2
	装配整体式楼、屋盖	3	3	2	不宜采用
板柱-抗震墙结构的现浇楼、屋盖		3	3	2	—
框支层的现浇楼、屋盖		2.5	2.5	2	—

3.2.5 平面尺寸及突出部位尺寸的比值限值

表 3-5 平面尺寸及突出部位尺寸的比值限值

抗震设防烈度	L/B	l/B_{max}	l/b
6、7	≤6.0	≤0.35	≤2.0
8、9	≤5.0	≤0.30	≤1.5

注 表中符号见图 3-1。

3.2.6 楼层层间最大位移与层高之比的限值

表 3-6 楼层层间最大位移与层高之比的限值

结 构 体 系	$\Delta u/h$ 限值
框架	1/550
框架-剪力墙、框架-核心筒、板柱-剪力墙	1/800
筒中筒、剪力墙	1/1000
除框架结构外的转换层	1/1000

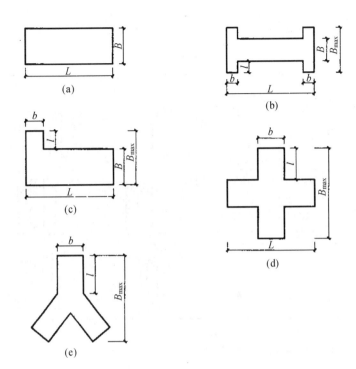

图 3-1 建筑平面示意图

3.2.7 伸缩缝的最大间距

表 3-7   伸缩缝的最大间距

结 构 体 系	施 工 方 法	最大间距/m
框架结构	现浇	55
剪力墙结构	现浇	45

注 1. 框架-剪力墙的伸缩缝间距可根据结构的具体布置情况取表中框架结构与剪力墙结构之间的数值。

2. 屋面无保温或隔热措施、混凝土收缩较大或室内结构因施工外露时间较长时，伸缩缝间距应适当减小。

3. 位于气候干燥地区、夏季炎热且暴雨频繁地区的结构，伸缩缝的间距宜适当减小。

3.2.8 梁纵向受拉钢筋最小配筋百分率 ρ_{min}

表 3-8   梁纵向受拉钢筋最小配筋百分率 ρ_{min} （单位：%）

抗 震 等 级	梁 中 位 置	
	支座（取较大值）	跨中（取较大值）
一	0.40 和 $80f_t/f_y$	0.30 和 $65f_t/f_y$
二	0.30 和 $65f_t/f_y$	0.25 和 $55f_t/f_y$
三、四	0.25 和 $55f_t/f_y$	0.20 和 $45f_t/f_y$

注 f_t——混凝土轴心抗拉强度设计值；f_y——楼板钢筋抗拉强度设计值。

3.2.9 框架梁箍筋构造做法

表 3-9　　　　　　　　　　　　　框架梁箍筋构造做法

项　　目	构　造　做　法
双肢箍三肢箍	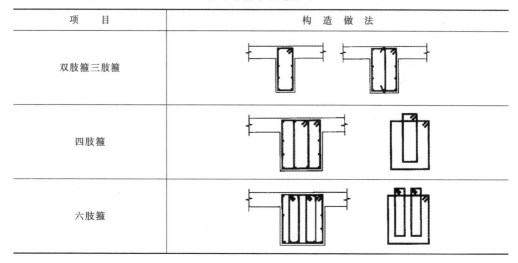
四肢箍	
六肢箍	

3.2.10 框架梁端部箍筋加密区的构造要求

表 3-10　　　　　　　　　　框架梁端部箍筋加密区的构造要求

抗震等级	加密区长度/mm	箍筋最大间距/mm	箍筋最小直径/mm
一	$2h_b$ 和 500 中的较大值	纵筋直径的 6 倍，h_b 的 1/4 和 100 中的最小值	10
二	1.5h_b 和 500 中的较大值	纵筋直径的 8 倍，h_b 的 1/4 和 100 中的最小值	8
三		纵筋直径的 8 倍，h_b 的 1/4 和 150 中的最小值	8
四		纵筋直径的 8 倍，h_b 的 1/4 和 150 中的最小值	6

注　1. 梁端纵向受拉钢筋配筋率大于 2% 时，表中箍筋最小直径应增大 2mm。

　　2. 一、二级抗震等级的框架梁，梁端箍筋加密区的箍筋直径大于 12mm、数量不少于 4 肢且肢距不大于 150mm 时，最大间距应允许适当放宽，但不得大于 150mm。

　　3. 梁端设置的第一个箍筋距框架节点边缘不应大于 50mm。

　　4. h_b 为梁高。

　　5. 截面高度大于 800mm 的梁，箍筋直径不宜小于 8mm。

3.2.11 框架梁端部箍筋加密区箍筋肢距的要求

表 3-11　　　　　　　　　　框架梁端部箍筋加密区箍筋肢距的要求

抗震等级	箍筋最大肢距/mm
一	不宜大于 200mm 和 20 倍箍筋直径的较大值，且≤300
二、三	不宜大于 250mm 和 20 倍箍筋直径的较大值，且≤300
四	不宜大于 300mm

3.2.12 梁端箍筋加密区的长度、箍筋的最大间距和最小直径

表 3 - 12　　　　梁端箍筋加密区的长度、箍筋的最大间距和最小直径

抗 震 等 级	加密区长度 （采用较大值）/mm	箍筋最大间距 （采用最小值）/mm	箍筋最小直径/mm
一	$2h_b$，500	$h_b/4$，$6d$，100	10
二	$1.5h_b$，500	$h_b/4$，$8d$，100	8
三	$1.5h_b$，500	$h_b/4$，$8d$，150	8
四	$1.5h_b$，500	$h_b/4$，$8d$，150	6

注　1. d 为纵向钢筋直径，h_b 为梁截面高度。

　　2. 箍筋直径大于 12mm、数量不少于 4 肢且肢距不大于 150mm 时，一、二级的最大间距允许适当放宽，但不得大于 150mm。

3.2.13 框架柱截面尺寸要求

表 3 - 13　　　　　　　　框架柱截面尺寸要求

柱截面形式		最小截面尺寸/mm
矩形柱	抗震等级为四级或房屋层数不超过 2 层	边长≥300
	抗震等级为一、二、三级且房屋层数超过 2 层	边长≥400
圆形柱	抗震等级为四级或房屋层数不超过 2 层	直径≥350
	抗震等级为一、二、三级且房屋层数超过 2 层	直径≥450

注　1. 矩形柱长边与短边之比不宜大于 3。

　　2. 柱的剪跨比宜大于 2。

　　3. 错层处框架柱的截面高度不应小于 600mm。

3.2.14 粗估框架柱截面面积 A_c 的计算式

表 3 - 14　　　　　粗估框架柱截面面积 A_c 的计算式

框架抗震等级	外　　柱	内　　柱
一	$1.4N/0.7f_c$	$1.3N/0.7f_c$
二	$1.3N/0.8f_c$	$1.2N/0.8f_c$
三	$1.2N/0.9f_c$	$1.1N/0.9f_c$

注　N——柱轴向压力值；f_c——混凝土轴心抗压强度设计值。

3.2.15 框架结构柱轴压比限值

表 3 - 15　　　　　　　柱 轴 压 比 限 值

结 构 类 型	抗 震 等 级			
	一	二	三	四
框架结构	0.65	0.75	0.85	0.90

结 构 类 型	抗 震 等 级			
	一	二	三	四
框架-抗震墙、板柱-抗震墙、框架-核心筒，筒中筒	0.75	0.85	0.90	0.95
部分框支抗震墙	0.6	0.70		

注 1. 轴压比指柱组合的轴压力设计值与柱的全截面面积和混凝土轴心抗压强度设计值乘积之比值；对《建筑抗震设计规范》（GB 50011—2010）规定不进行地震作用计算的结构，可取无地震作用组合的轴力设计值计算。

2. 表内限值适用于剪跨比大于 2、混凝土强度等级不高于 C60 的柱；剪跨比不大于 2 的柱，轴压比限值应降低 0.05；剪跨比小于 1.5 的柱，轴压比限值应专门研究并采取特殊构造措施。

3. 沿柱全高采用井字复合箍且箍筋肢距不大于 200mm、间距不大于 100mm、直径不小于 12mm，或沿柱全高采用复合螺旋箍、螺旋间距不大于 100mm、箍筋肢距不大于 200mm、直径不小于 12mm，或沿柱全高采用连续复合矩形螺旋箍、螺旋净距不大于 80mm、箍筋肢距不大于 200mm、直径不小于 10mm，轴压比限值均可增加 0.10。上述三种箍筋的最小配箍特征值均应按增大的轴压比由表 3-8 确定。

4. 在柱的截面中部附加芯柱，其中另加的纵向钢筋的总面积不少于柱截面面积的 0.8%，轴压比限值可增加 0.05。此项措施与注 3 的措施共同采用时，轴压比限值可增加 0.15，但箍筋的体积配箍率仍可按轴压比增加 0.10 的要求确定。

5. 柱轴压比不应大于 1.05。

3.2.16 剪力墙墙肢压轴比限值

表 3-16　　　　　　　　　剪力墙墙肢压轴比限值

抗震等级及烈度	一级（9 度）	一级（7、8 度）	二、三级
轴压比 $\dfrac{N}{f_c A}$	0.4	0.5	0.6

注 墙肢轴压比为重力荷载代表值作用下墙肢承受的轴压力设计值（不与地震作用组合）与墙肢的全截面面积和混凝土轴心抗压强度设计值乘积之比值。

3.2.17 框架柱端部（含节点核心区）箍筋加密区的构造

表 3-17　　　　　　框架柱端部（含节点核心区）箍筋加密区的构造

抗震等级	箍筋最大间距/mm	箍筋最小直径/mm
一	柱纵筋直径的 6 倍和 100 中的较小值	10
二	柱纵筋直径的 8 倍和 100 中的较小值	8
三	柱纵筋直径的 8 倍和 150（柱根 100）中的较小值	8
四	柱纵筋直径的 8 倍和 150（柱根 100）中的较小值	6（柱根 8）

注 1. 柱根系指底层柱下端的箍筋加密区范围。

2. 框支柱及剪跨比不大于 2 的框架柱，箍筋间距不应大于 100mm。

3. 一级抗震等级框架柱箍筋直径大于 12mm 且箍筋肢距小于或等于 150mm 及二级抗震等级框架柱箍筋直径大于或等于 10mm 且箍筋肢距小于或等于 200mm 时，除底层柱根外，箍筋最大间距允许采用 150mm；三级抗震等级框架柱的截面尺寸小于或等于 400mm 时，箍筋最小直径允许采用 6mm；四级抗震等级框架柱剪跨比小于或等于 2 或柱中全部纵向钢筋的配筋率大于 3% 时，箍筋直径不应小于 8mm。

4. 柱纵筋直径取柱纵筋的最小直径。

3.2.18 框架柱端部箍筋加密区箍筋肢距

表 3-18 框架柱端部箍筋加密区箍筋肢距

抗震等级	箍筋最大肢距/mm
一	不宜大于 200
二、三	不宜大于 250 和 20 倍箍筋直径的较大值
四	不宜大于 300

3.2.19 柱截面纵向钢筋的最小总配筋率

表 3-19 柱截面纵向钢筋的最小总配筋率 （单位：%）

类　别	抗　震　等　级			
	一	二	三	四
中柱和边柱	0.9 (1.0)	0.7 (0.8)	0.6 (0.7)	0.5 (0.6)
角柱、框支柱	1.1	0.9	0.8	0.7

注　1. 表中括号内数值用于框架结构的柱。

　　2. 钢筋强度标准值小于 400MPa 时，表中数值应增加 0.1，钢筋强度标准值为 400MPa 时，表中数值应增加 0.05。

　　3. 混凝土强度等级高于 C60 时，上述数值应相应增加 0.1。

3.2.20 柱端的箍筋加密区段内的箍筋构造要求

表 3-20 柱端的箍筋加密区段内的箍筋构造要求

框架抗震等级	箍筋最小直径/mm	一　般　柱		短柱、框支柱	
		箍筋最大间距/mm（取较小值）	箍筋最大肢距/mm（取较大值）	箍筋最大间距/mm	箍筋最大肢距/mm
一	10	6d，100	200	100	200
二	8	8d，100	250		
三	8	8d，150（柱根 100）	250		
四	6（柱根 8）	8d，150（柱根 100）	300		

注　d 为竖向钢筋的直径（mm）。

3.2.21 柱箍筋加密区的箍筋最大间距和最小直径

表 3-21 柱箍筋加密区的箍筋最大间距和最小直径

抗震等级	箍筋最大间距（采用较小值/mm）	箍筋最小直径/mm
一	6d，100	10
二	8d，100	8
三	8d，150（柱根 100）	8
四	8d，150（柱根 100）	6（柱根 8）

注　1. d 为柱纵筋最小直径。

　　2. 柱根指底层柱下端箍筋加密区。

3.2.22 铰接排架柱箍筋加密区的箍筋最小直径

表 3-22　　　　　　　铰接排架柱箍筋加密区的箍筋最小直径　　　　　　（单位：mm）

加密区区段	抗震等级和场地类别					
	一级	二级	二级	三级	三级	四级
	各类场地	Ⅲ、Ⅳ类场地	Ⅰ、Ⅱ类场地	Ⅲ、Ⅳ类场地	Ⅰ、Ⅱ类场地	各类场地
一般柱顶、柱根区段	8（10）		8		6	
角柱柱顶	10		10		8	
吊车梁、牛腿区段 有支撑的柱根区段	10		8		8	
有支撑的柱根区段 柱变位受约束的部位	10		10		8	

注　表中括号内数值用于柱根。

3.2.23 柱箍筋加密区的箍筋最小配箍特征值

表 3-23　　　　　　　柱箍筋加密区的箍筋最小配箍特征值

抗震等级	箍筋形式	柱轴压比								
		≤0.3	0.4	0.5	0.6	0.7	0.8	0.9	1.0	1.05
一	普通箍、复合箍	0.10	0.11	0.13	0.15	0.17	0.20	0.23	—	—
	螺旋箍、复合或连续复合矩形螺旋箍	0.08	0.09	0.11	0.13	0.15	0.18	0.21	—	—
二	普通箍、复合箍	0.08	0.09	0.11	0.13	0.15	0.17	0.19	0.22	0.24
	螺旋箍、复合或连续复合矩形螺旋箍	0.06	0.07	0.09	0.11	0.13	0.15	0.17	0.20	0.22
三、四	普通箍、复合箍	0.06	0.07	0.09	0.11	0.13	0.15	0.17	0.20	0.22
	螺旋箍、复合或连续复合矩形螺旋箍	0.05	0.06	0.07	0.09	0.11	0.13	0.15	0.18	0.20

注　普通箍指单个矩形箍和单个圆形箍；复合箍指由矩形、多边形、圆形箍或拉筋组成的箍筋；复合螺旋箍指由螺旋箍与矩形、多边形、圆形箍或拉筋组成的箍筋；连续复合矩形螺旋箍指用一根通长钢筋加工而成的箍筋。

3.2.24 柱箍筋加密区的体积配筋率

表 3-24 柱箍筋加密区的体积配筋率 （单位：%）

钢筋种类	λ_v	混凝土强度等级							
		≤C35	C40	C45	C50	C55	C60	C65	C70
HPB300	0.05	0.40	0.40	0.40	0.43	0.47	0.51	0.55	0.59
	0.06	0.40	0.42	0.47	0.51	0.56	0.61	0.66	0.71
	0.07	0.43	0.50	0.55	0.60	0.66	0.71	0.77	0.82
	0.08	0.49	0.57	0.63	0.68	0.75	0.81	0.88	0.94
	0.09	0.56	0.64	0.70	0.77	0.84	0.92	0.99	1.06
	0.10	0.62	0.71	0.78	0.86	0.94	1.02	1.10	1.18
	0.11	0.68	0.78	0.86	0.94	1.03	1.12	1.21	1.30
	0.12	0.74	0.85	0.94	1.03	1.12	1.22	1.32	1.41
	0.13	0.80	0.92	1.02	1.11	1.22	1.32	1.43	1.53
	0.14	0.87	0.99	1.09	1.20	1.31	1.43	1.54	1.65
	0.15	0.93	1.06	1.17	1.28	1.41	1.53	1.65	1.77
	0.16	0.99	1.13	1.25	1.37	1.50	1.63	1.76	1.88
	0.17	1.05	1.20	1.33	1.45	1.59	1.73	1.87	2.00
	0.18	1.11	1.27	1.41	1.54	1.69	1.83	1.98	2.12
	0.19	1.18	1.34	1.48	1.63	1.78	1.94	2.09	2.24
	0.20	1.24	1.41	1.56	1.71	1.87	2.04	2.20	2.36
	0.21	1.30	1.49	1.64	1.80	1.97	2.14	2.31	2.47
	0.22	1.36	1.56	1.72	1.88	2.06	2.24	2.42	2.59
	0.23	1.42	1.63	1.80	1.97	2.16	2.34	2.53	2.71
	0.24	1.48	1.70	1.88	2.05	2.25	2.44	2.64	2.83
	0.25	1.55	1.77	1.95	2.14	2.34	2.55	2.75	2.94
	0.26	1.61	1.84	2.03	2.22	2.44	2.65	2.86	3.06
HRB335	0.05	0.40	0.40	0.40	0.40	0.42	0.46	0.50	0.53
	0.06	0.40	0.40	0.42	0.46	0.51	0.55	0.59	0.64
	0.07	0.40	0.45	0.49	0.54	0.59	0.64	0.69	0.74
	0.08	0.45	0.51	0.56	0.62	0.67	0.73	0.79	0.85
	0.09	0.50	0.57	0.63	0.69	0.76	0.83	0.89	0.95
	0.10	0.56	0.64	0.70	0.77	0.84	0.92	0.99	1.06
	0.11	0.61	0.70	0.77	0.85	0.93	1.01	1.09	1.17
	0.12	0.67	0.76	0.84	0.92	1.01	1.10	1.19	1.27
	0.13	0.75	0.83	0.91	1.00	1.10	1.19	1.29	1.38
	0.14	0.78	0.89	0.98	1.08	1.18	1.28	1.39	1.48
	0.15	0.84	0.96	1.06	1.16	1.27	1.38	1.49	1.59
	0.16	0.89	1.02	1.13	1.23	1.35	1.47	1.58	1.70
	0.17	0.95	1.08	1.20	1.31	1.43	1.56	1.68	1.80
	0.18	1.00	1.15	1.27	1.39	1.52	1.65	1.78	1.91
	0.19	1.06	1.21	1.34	1.46	1.60	1.74	1.88	2.01
	0.20	1.11	1.27	1.41	1.54	1.69	1.83	1.98	2.12
	0.21	1.17	1.34	1.48	1.62	1.77	1.93	2.08	2.23
	0.22	1.22	1.40	1.55	1.69	1.86	2.02	2.18	2.33
	0.23	1.28	1.46	1.62	1.77	1.94	2.11	2.28	2.44
	0.24	1.34	1.53	1.69	1.85	2.02	2.20	2.38	2.54
	0.25	1.39	1.59	1.76	1.93	2.11	2.29	2.48	2.65
	0.26	1.45	1.66	1.83	2.00	2.19	2.38	2.57	2.76

钢筋种类	λ_v	混凝土强度等级							
		≤C35	C40	C45	C50	C55	C60	C65	C70
HRB400	0.05	0.40	0.40	0.40	0.40	0.40	0.40	0.41	0.44
	0.06	0.40	0.40	0.40	0.40	0.42	0.46	0.50	0.53
	0.07	0.40	0.40	0.41	0.45	0.49	0.53	0.58	0.62
	0.08	0.40	0.42	0.47	0.51	0.56	0.61	0.66	0.71
	0.09	0.42	0.48	0.53	0.58	0.63	0.69	0.74	0.80
	0.10	0.46	0.53	0.59	0.64	0.70	0.76	0.83	0.88
	0.11	0.51	0.58	0.64	0.71	0.77	0.84	0.91	0.97
	0.12	0.56	0.64	0.70	0.77	0.84	0.92	0.99	1.06
	0.13	0.60	0.69	0.76	0.83	0.91	0.99	1.07	1.15
	0.14	0.65	0.74	0.82	0.90	0.98	1.07	1.16	1.24
	0.15	0.70	0.80	0.88	0.96	1.05	1.15	1.24	1.33
	0.16	0.74	0.85	0.94	1.03	1.12	1.22	1.32	1.41
	0.17	0.79	0.90	1.00	1.09	1.19	1.30	1.40	1.50
	0.18	0.84	0.96	1.06	1.16	1.27	1.38	1.49	1.59
	0.19	0.88	1.01	1.11	1.22	1.34	1.45	1.57	1.68
	0.20	0.93	1.06	1.17	1.28	1.41	1.53	1.65	1.77
	0.21	0.97	1.11	1.23	1.35	1.48	1.60	1.73	1.86
	0.22	1.02	1.17	1.29	1.41	1.55	1.68	1.82	1.94
	0.23	1.07	1.22	1.35	1.48	1.62	1.76	1.90	2.03
	0.24	1.11	1.27	1.41	1.54	1.69	1.83	1.98	2.12
	0.25	1.16	1.33	1.47	1.60	1.76	1.91	2.06	2.21
	0.26	1.21	1.38	1.52	1.67	1.83	1.99	2.15	2.30
HRB500	0.05	0.40	0.40	0.40	0.40	0.40	0.40	0.40	0.40
	0.06	0.40	0.40	0.40	0.40	0.40	0.40	0.41	0.44
	0.07	0.40	0.40	0.40	0.40	0.41	0.44	0.48	0.51
	0.08	0.40	0.40	0.40	0.42	0.47	0.51	0.55	0.58
	0.09	0.40	0.40	0.44	0.48	0.52	0.57	0.61	0.66
	0.10	0.40	0.44	0.49	0.53	0.58	0.63	0.68	0.73
	0.11	0.42	0.48	0.53	0.58	0.64	0.70	0.75	0.80
	0.12	0.46	0.53	0.58	0.64	0.70	0.76	0.82	0.88
	0.13	0.50	0.57	0.63	0.69	0.76	0.82	0.89	0.95
	0.14	0.54	0.61	0.68	0.74	0.81	0.89	0.96	1.02
	0.15	0.58	0.66	0.73	0.80	0.87	0.95	1.02	1.10
	0.16	0.61	0.70	0.78	0.85	0.93	1.01	1.09	1.17
	0.17	0.65	0.75	0.82	0.90	0.99	1.07	1.16	1.24
	0.18	0.69	0.79	0.87	0.96	1.05	1.14	1.23	1.32
	0.19	0.73	0.83	0.92	1.01	1.11	1.20	1.30	1.39
	0.20	0.77	0.88	0.97	1.06	1.16	1.26	1.37	1.46
	0.21	0.81	0.92	1.02	1.12	1.22	1.33	1.43	1.54
	0.22	0.84	0.97	1.07	1.17	1.28	1.39	1.50	1.61
	0.23	0.88	1.01	1.12	1.22	1.34	1.45	1.57	1.68
	0.24	0.92	1.05	1.16	1.27	1.40	1.52	1.64	1.75
	0.25	0.96	1.10	1.21	1.33	1.45	1.58	1.71	1.83
	0.26	1.00	1.14	1.26	1.38	1.51	1.64	1.78	1.90

3.2.25 框架柱箍筋构造

表 3 - 25   框架柱箍筋构造

项　　目	构　造　图　例
非焊接复合箍筋	
焊接封闭箍筋	 双面焊5*d*或单面焊10*d*　　闪光对焊 (*d*为箍筋直径)
连续圆形螺旋箍筋	 螺旋箍开始及结束处应有水平段，长度不小于一圈半，圆柱时，每1~2m加一道定位箍筋
连续矩形螺旋箍筋	
连续复合矩形螺旋箍	 应满足浇灌孔的要求

3.2.26 受拉钢筋的抗震锚固长度修正系数

表 3 - 26   受拉钢筋的抗震锚固长度修正系数

抗震等级	一、二	三	四
ζ_{aE}	1.15	1.05	1.0

3.2.27 纵向受拉普通钢筋的抗震基本锚固长度 l_{abE}

表 3 - 27　　　　　　　纵向受拉普通钢筋的抗震基本锚固长度 l_{abE}

混凝土强度等级		C20	C25	C30	C35	C40	C45	C50	C55	≥C60
一、二级抗震等级	HPB300（φ）	45d	39d	35d	32d	29d	28d	26d	25d	24d
	HRB335（Φ）	44d	38d	33d	31d	29d	26d	25d	24d	24d
	HRB400（Φ）	—	46d	40d	37d	33d	32d	31d	30d	29d
	HRB500（Φ）		55d	49d	45d	41d	38d	37d	36d	35d
三级抗震等级	HPB300（φ）	41d	36d	32d	29d	26d	25d	24d	26d	22d
	HRB335（Φ）	40d	35d	31d	28d	26d	24d	23d	22d	22d
	HRB400（Φ）	—	42d	37d	34d	30d	29d	28d	27d	26d
	HRB500（Φ）		50d	45d	41d	38d	36d	34d	33d	32d

　　注　四级抗震等级时 $l_{abE}=l_{ab}$。

3.2.28 梁、柱纵向钢筋的连接使用部位表

表 3 - 28　　　　　　　　　梁、柱纵向钢筋的连接使用部位表

连接方式	使 用 部 位
机械连接	1）框支架 2）框支柱 3）一级抗震等级的框架梁 4）一、二级抗震等级的框架及剪力墙的边缘构件 5）三级抗震等级的框架柱底部及剪力墙底部构造加强部位的边缘构件
绑扎连接	1）二、三、四级抗震等级的框架梁 2）三级抗震等级的框架柱底部以外的其他部位 3）四级抗震等级的框架柱 4）三级抗震等级剪力墙非底部构造加强部位的边缘构件及四级剪力墙的边缘构件

　　注　1. 表中采用绑扎搭接的部位也可采用机械连接或焊接。
　　　　2. 剪力墙底部构造加强部位为底部加强部位及相邻上一层。

3.2.29 剪力墙底部加强部位的范围

表 3 - 29　　　　　　　　　剪力墙底部加强部位的范围

结 构 类 型		底部加强部位的范围
部分框支剪力墙结构的剪力墙		框支层加框支层以上两层的高度及落地剪力墙总高度的 1/10 二者的较大值
其他结构的剪力墙	$H≤24m$	底部一层
	$H>24m$	底部两层的墙体总高度的 1/10 二者的较大值

　　注　1. 底部加强部位的高度应从地下室顶板算起。
　　　　2. 结构计算的嵌固端位于地下一层的底板或以下时，底部加强部位尚宜向下延伸到计算嵌固端。

3.2.30　剪力墙截面最小厚度

表 3－30　　　　　　　　　　　　剪力墙截面最小厚度

结　构　类　型	部　　　　位		最小厚度（取较大值）/mm	
			一、二级	三、四级
剪力墙结构	底部加强	有端柱或翼墙	应≥200，宜≥$H'/16$	应≥160，宜≥$H'/200$
		无端柱或翼墙	应≥220（200），宜≥$H'/12$	应≥180（160），宜≥$H'/16$
	一半部位	有端柱或翼墙	应≥160，宜≥$H'/20$	应≥160（140），宜≥$H'/25$
		无端柱或翼墙	应≥180（160），宜≥$H'/16$	应≥160，宜≥$H'/20$
框架-剪力墙结构	底部加强部位		应≥200，宜≥$H'/16$	
	一般部位		应≥160，宜≥$H'/20$	
框架-核心筒结构 筒中筒结构	筒体外墙	底部加强部位	应≥200，宜≥$H'/16$	
		一般部位	应≥200，宜≥$H'/20$	
	筒体内墙		应≥260	
错层结构			应≥250	

注　1. H'为一层高或剪力墙无支长度的较小值（无支长度是指剪力墙平面外支撑墙之间的长度），如图 3-2
　　　　所示。

　　　2. 筒体底部加强部位及上一层，当侧向刚度无突变时不宜改变墙体厚度。

　　　3. 括号内数字用于建筑高度小于或等于 24m 的多层结构。

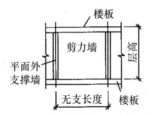

图 3-2　剪力墙无支长度示意

3.2.31　剪力墙竖向、横向分布钢筋配置构造

表 3－31　　　　　　　　　剪力墙竖向、横向分布钢筋配置构造

结　构　类　型	分布筋间距	分布筋直径
剪力墙结构、框架-剪力墙结构	宜≤300mm	不宜大于墙厚的 1/10，且不应小于 8mm，竖向钢筋不宜小于 10mm
部分框支剪力墙结构中落地剪力墙底部加强部位 错层结构中错层处剪力墙 剪力墙中温度、收缩应力较大的部位	宜≤200mm	

注　1. 剪力墙厚度大于 140mm 时，其竖向和横向分布筋不应单排配置，双排分布筋间应布置拉筋，拉筋间
　　　　距不宜大于 600mm，直径不应小于 6mm，拉筋应交错布置。

　　　2. 剪力墙中竖向和横向分布钢筋采用双排钢筋，为多排筋时，水平筋宜均匀放置、竖向筋在保持相
　　　　同配筋率条件下外排筋直径宜大于内排筋直径。

　　　3. 剪力墙中温度、收缩应力较大的部位指房屋顶层剪力墙、长矩形平面房屋的楼梯间剪力墙、端开间
　　　　的纵向剪力墙及端山墙。

3.2.32 抗震墙设置构造边缘构件的最大轴压比

表 3-32　　　　　　　　抗震墙设置构造边缘构件的最大轴压比

抗震等级或烈度	一级（9度）	一级（7、8度）	二、三级
轴压比	0.1	0.2	0.3

3.2.33 抗震墙构造边缘构件的配筋要求

表 3-33　　　　　　　　抗震墙构造边缘构件的配筋要求

抗震等级	底部加强部位			其他部位		
	纵向钢筋最小量（取较大值）	箍　筋		纵向钢筋最小量（取较大值）	拉　筋	
		最小直径/mm	沿竖向最大间距/mm		最小直径/mm	沿竖向最大间距/mm
一	$0.010A_c$，$6\varphi16$	8	100	$0.008A_c$，$6\varphi14$	8	150
二	$0.008A_c$，$6\varphi14$	8	150	$0.006A_c$，$6\varphi12$	8	200
三	$0.006A_c$，$6\varphi12$	6	150	$0.005A_c$，$4\varphi12$	6	200
四	$0.005A_c$，$4\varphi12$	6	200	$0.004A_c$，$4\varphi12$	6	250

注　1. A_c 为边缘构件的截面面积。

　　2. 其他部位的拉筋，水平间距不应大于纵筋间距的 2 倍；转角处宜采用箍筋。

　　3. 端柱承受集中荷载时，其纵向钢筋、箍筋直径和间距应满足柱的相应要求。

3.2.34 抗震墙约束边缘构件的范围及配筋要求

表 3-34　　　　　　　　抗震墙约束边缘构件的范围及配筋要求

项　目	一级（9度）		一级（8度）		二、三级	
	$\lambda\leqslant0.2$	$\lambda>0.2$	$\lambda\leqslant0.3$	$\lambda>0.3$	$\lambda\leqslant0.4$	$\lambda>0.4$
l_c（暗柱）	$0.20h_w$	$0.25h_w$	$0.15h_w$	$0.20h_w$	$0.15h_w$	$0.20h_w$
l_c（翼墙或端柱）	$0.15h_w$	$0.20h_w$	$0.10h_w$	$0.15h_w$	$0.10h_w$	$0.15h_w$
λ_v	0.12	0.20	0.12	0.20	0.12	0.20
纵向钢筋（取较大值）	$0.012A_c$，$8\varphi16$		$0.012A_c$，$8\varphi16$		$0.010A_c$，$6\varphi16$（三级 $6\varphi14$）	
箍筋或拉筋沿竖向间距	100mm		100mm		150mm	

注　1. 抗震墙的翼墙长度小于其 3 倍厚度或端柱截面边长小于 2 倍墙厚时，按无翼墙、无端柱查表；端柱有集中荷载时，配筋构造按柱要求。

　　2. l_c 为约束边缘构件沿墙肢长度，且不小于墙厚和 400mm；有翼墙或端柱时不应小于翼墙厚度或端柱沿墙肢方向截面高度加 300mm。

　　3. λ_v 为约束边缘构件的配箍特征值，体积配箍率可按相关规定计算，并可适当计入满足构造要求且墙端有可靠锚固的水平分布钢筋的截面面积。

　　4. h_w 为抗震墙墙肢长度。

　　5. λ 为墙肢轴压比。

　　6. A_c 为图 3-3 中约束边缘构件阴影部分的截面面积。

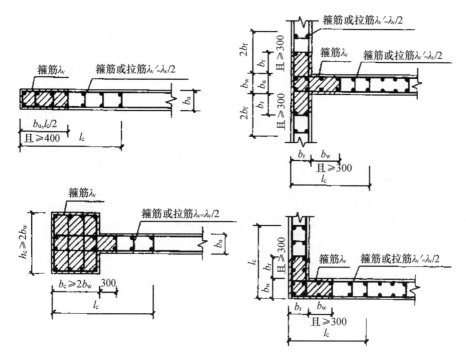

图 3-3 抗震墙的约束边缘构件

（a）暗柱；（b）有翼墙；（c）有端柱；（d）转角墙（L形墙）

3.2.35 约束边缘构件体积配筋率 ρ_{vmin}（$\lambda_v=0.12$）

表 3-35　　　　　　约束边缘构件体积配筋率 ρ_{vmin}（$\lambda_v=0.12$）

箍筋及拉筋级别	C20	C25	C30	C35	C40	C45	C50	C55	C60
HPB300	0.742	0.742	0.742	0.742	0.849	0.938	1.027	1.124	1.222
HRP335	0.668	0.668	0.668	0.668	0.764	0.844	0.924	1.012	1.100
HRB400	—	0.557	0.557	0.557	0.637	0.703	0.770	0.843	0.917
HRB500	—	0.461	0.461	0.461	0.527	0.582	0.637	0.698	0.759

3.2.36 约束边缘构件体积配筋率 ρ_{vmin}（$\lambda_v=0.2$）

表 3-36　　　　　　约束边缘构件体积配筋率 ρ_{vmin}（$\lambda_v=0.2$）

箍筋及拉筋级别	C20	C25	C30	C35	C40	C45	C50	C55	C60
HPB300	0.237	1.237	1.237	1.237	1.415	1.563	1.711	1.874	2.037
HRP335	1.113	1.113	1.113	1.113	1.237	1.407	1.540	1.687	1.833
HRB400	—	0.928	0.928	0.928	1.061	1.172	1.283	1.406	1.528

箍筋及拉筋级别	C20	C25	C30	C35	C40	C45	C50	C55	C60
HRB500	—	0.768	0.768	0.768	0.878	0.970	1.062	1.163	1.264

注 1. 表中 λ 为墙肢轴压比；λᵥ 为约束边缘构件的配箍特征值。

2. 抗震等级为一级（9度）λ<0.2、一级（8度）λ<0.3、二、三级 λ≤0.4 时，约束边缘构件体积配箍率按表 3-35 采用。

3. 抗震等级为一级（9度）λ>0.2、一级（8度）λ>0.3、二、三级 λ>0.4 时，约束边缘构件体积配箍率按表 3-36 采用。

4. 墙体的水平分布钢筋在墙端有可靠锚固且水平分布钢筋之间设置足够的拉筋形成复合箍筋时，可适当计入伸入部分约束边缘构件范围内墙水平分布钢筋的体积，计入的水平分布钢筋的体积配箍特征值不应大于总体积配箍特征值的 30%。

3.2.37 具有较多短肢墙的剪力墙结构的最大适用高度

表 3-37　　　　　　具有较多短肢墙的剪力墙结构的最大适用高度

抗震设防烈度	6	7	8		9
			0.2g	0.3g	
适用高度/m	130	100	80	60	—

3.2.38 短肢剪力墙全部竖向钢筋的配筋率及轴压比限值

表 3-38　　　　　短肢剪力墙全部竖向钢筋的配筋率及轴压比限值

抗 震 等 级		一	二	三、四
全部竖向钢筋的配筋率	底部加强部位	1.2%	1.2%	1.0%
	其他各层	1.0%	1.0%	0.8%
轴压比	一般情况	0.45	0.50	0.55（不含四级）
	一字型截面	0.35	0.40	0.45（不含四级）

3.2.39 剪力墙连梁箍筋构造

表 3-39　　　　　　　　剪力墙连梁箍筋构造

抗震等级	箍筋最大间距/mm	箍筋最小直径/mm
一	纵筋直径的 6 倍，连梁高的 1/4 和 100 中的最小值	10
二	纵筋直径的 8 倍，连梁高的 1/4 和 100 中的最小值	8
三	纵筋直径的 8 倍，连梁高的 1/4 和 150 中的最小值	8
四	纵筋直径的 8 倍，连梁高的 1/4 和 150 中的最小值	6

注 1. 连梁纵向受拉钢筋配筋率大于 2% 时，表中箍筋最小直径应增大 2mm。

2. 一、二抗震等级剪力墙连梁，当连梁箍筋直径大于 12mm、数量不少于 4 肢且肢距不大于 150mm 时，最大间距应允许适当放宽，但不得大于 150mm。

3. 连梁端设置的第一个箍筋距墙肢边缘不应大于 50mm。

3.2.40 跨高比 $l/h_b \leqslant 1.5$ 的连梁纵向钢筋单侧最小配筋率

表 3 - 40　　　　　跨高比 $l/h_b \leqslant 1.5$ 的连梁纵向钢筋单侧最小配筋率

跨　高　比	最小配筋率（取较大值）
$l/h_b \leqslant 0.5$	0.20，$45f_t/f_y$
$0.5 < l/h_b \leqslant 1.5$	0.25，$55f_t/f_y$

注　1. 剪力墙连梁的最小配筋率，应根据计算满足强减弱弯的要求。
　　2. f_t——混凝土轴心抗拉强度设计值；f_y——楼板钢筋抗拉强度设计值。

3.2.41 跨高比 $l/h_b > 1.5$ 的连梁纵向钢筋单侧最小配筋率

表 3 - 41　　　　跨高比 $l/h_b > 1.5$ 的连梁纵向钢筋单侧最小配筋率　　　（单位：%）

抗　震　等　级	最小配筋率（取较大值）
一	0.40 和 $80f_t/f_y$
二	0.30 和 $65f_t/f_y$
三、四	0.25 和 $55f_t/f_y$

3.2.42 剪力墙连梁顶面及底面单侧纵向钢筋的最大配筋率限值

表 3 - 42　　　　剪力墙连梁顶面及底面单侧纵向钢筋的最大配筋率限值　　　（单位：%）

跨　高　比	最大配筋率
$l/h_b \leqslant 1.0$	0.6
$1.0 < l/h_b \leqslant 2.0$	1.2
$2.0 < l/h_b \leqslant 2.5$	1.5

注　1. 剪力墙连梁的最大配筋率，应根据计算满足强剪、弱弯的要求。
　　2. 任何情况下，剪力墙连梁的最大配筋率不宜大于 2.5%。
　　3. l 为连梁净跨。

3.2.43 横向剪力墙沿长方向的间距

表 3 - 43　　　　　　　　横向剪力墙沿长方向的间距

楼盖形式	非抗震设计（取较小值）	抗震设防烈度		
		6、7（取较小值）	8（取较小值）	9（取较小值）
现浇	$5.0B$，60	$4.0B$，50	$3.0B$，40	$2.0B$，30
装配整体	$3.5B$，50	$3.0B$，40	$2.5B$，30	—

注　1. 表中 B 为剪力墙之间的楼盖宽度（m）。
　　2. 装配整体式楼盖的现浇层应符合相关规定。
　　3. 现浇层厚度大于 60mm 的叠合楼板可作为现浇板考虑。
　　4. 房屋端部未布置剪力墙时，第一片剪力墙与房屋端部的距离，不宜大于表中剪力墙间距的 1/2。

3.2.44 剪力墙竖向及横向分布钢筋的最小配筋率

表 3-44　　剪力墙竖向及横向分布钢筋的最小配筋率　　（单位：%）

一级、二级、三级	四级	部分框支剪力墙结构的落地剪力墙底部加强部位
0.25	0.2	0.3

3.2.45 暗柱或扶壁柱箍筋要求

表 3-45　　暗柱或扶壁柱箍筋要求

抗震等级	一、二、三	四
箍筋直径/mm	不应小于 8	不应小于 6
箍筋间距/mm	不应大于 150	不应大于 200

注　箍筋直径均不应小于纵向钢筋直径的 1/4。

3.2.46 暗柱或扶壁柱纵向钢筋最小配筋率

表 3-46　　暗柱或扶壁柱纵向钢筋最小配筋率　　（单位：%）

抗震等级	一	二	三	四
配筋率	0.9	0.7	0.6	0.5

注　采用 400MPa、335MPa 级钢筋时，表中数值宜分别增加 0.05 和 0.10。

3.2.47 双向无梁板厚度与长跨的最小比值

表 3-47　　双向无梁板厚度与长跨的最小比值

非预应力楼板		预应力楼板	
无柱托板	有柱托板	无柱托板	有柱托板
1/30	1/35	1/40	1/45

3.2.48 落地剪力墙的间距要求

表 3-48　　落地剪力墙的间距要求

部　位 ＼ 底部框支层层数	1、2 层	3 层及 3 层以上
落地剪力墙之间	不宜大于 2B 和 24m	不宜大于 1.5B 和 20m
框支柱与落地剪力墙之间	不宜大于 12m	不宜大于 10m

注　表中 B 为剪力墙之间的楼盖宽度（m）。

3.2.49 框支梁构造要求

表 3-49 框支梁构造要求

项目	抗震等级	一级	二级
	混凝土强度等级	≥C30	
尺寸	梁截面宽度 b_b	宜≤相应柱宽，≥2倍上层墙厚，≥400mm	
	梁截面高度 h_b	宜≥计算跨度/8	
纵筋	最小配筋率（上下各）	≥0.5%	≥0.4%
	腰筋	沿梁高间距≤200mm，d≥16mm	
	纵筋接头	宜机械连接，同一截面接头面积≤50%纵筋总面积，接头部位应避开上部墙体开洞部位及受力较大部位	
箍筋加密区	箍筋直径	应≥10mm	
	箍筋间距	≤100mm	
	箍筋肢距	宜≤200和20d'的较大值	宜≤250和20d'的较大值
	范围	距柱边1.5倍梁高范围内；梁上部墙体开洞部位，当托转换次梁时，应沿框支梁全长加密	
	最小面和配箍率	$1.2f_t/f_{yv}$	$1.1f_t/f_{yv}$

> **注** 1. 框支梁上部层数较少、荷载较小时，框支梁的高度要求可以适当放宽。
>
> 2. λ——框支柱的剪跨比；d——纵向钢筋直径的较小值；d'——箍筋直径；f_t——混凝土轴心抗拉强度设计值；f_{yv}——箍筋抗拉强度设计值。

3.2.50 框支柱构造要求

表 3-50 框支柱构造要求

项目	抗震等级	一级			二级		
		C30~C60	C65~C70	C75~C80	C30~C60	C65~C70	C75~C80
	混凝土强度等级						
柱轴压比限值	λ>2.0	0.60	0.55	0.50	0.70	0.65	0.60
	1.5≤λ≤2.0	0.55	0.50	0.45	0.65	0.60	0.55
尺寸	柱截面宽度 b_c	应≥450mm					
	柱截面高度 h_c	宜≥l_0/12					
纵筋	300MPa级	1.1%			0.9%		
	350MPa级	1.2%			1.0%		
	400MPa级	1.15%			0.95%		
	最小总纵筋率	1）Ⅳ类场地且较高建筑，上表数值相应增加0.1 2）混凝土等级高于C60，上表数值相应增加0.1					
	每侧最小配筋率	应≥0.2%					
	最大总配筋率	宜≤4%，应≤5%					
	纵筋间距	宜≤200，应≤80					

项　目	抗震等级	一级	二级
箍筋	形式	应采用符合螺旋箍或"井"字复合箍	
	直径	≥12mm	≥10mm
	沿竖直最大间距	全高应取 6d 和 100 中的较小值	
	肢距	≤12mm	≤200
	配筋特征值	比表 3-22 中的数值增加 0.02	
	体积配箍率	应≥1.5%	

注　对 $\lambda \leqslant 2.0$ 的框支柱，宜采用内加核芯柱的构造措施；$\lambda \leqslant 1.5$ 柱，柱内可设型钢。

l_0——框支梁计算跨度；λ——框支柱的剪跨比；d——纵向钢筋直径的较小值。

3.2.51　梁、柱截面形状对框筒空间受力特性的影响

表 3-51　　　　　　　　梁、柱截面形状对框筒空间受力特性的影响

方案编号	①	②	③	④
窗裙梁截面	250×1000	250×1000	250×1000	500×500
柱截面（框架平面方向）	250×1000	250/750/250	500×500	500×500
开洞率	44%	50%	55%	89%
框筒顶点侧移	100	142	232	313
柱轴力比（N_1/N_2）	4.3	4.9	6.0	14.1

3.2.52　柱上下端节点转动影响系数

表 3-52　　　　　　　　　　节点转动影响系数

	一　般　层	底　层
边柱		
	$\overline{K} = \dfrac{K_1 + K_2}{2K_c}$	$\overline{K} = \dfrac{K_5}{K_c}$

	一 般 层	底 层
中柱	$\dfrac{K_1 \mid K_2}{K_c}$ $\dfrac{}{K_3 \mid K_4}$	$\dfrac{K_5 \mid K_6}{K_c}$
	$\overline{K}=\dfrac{K_1+K_2+K_3+K_4}{2K_c}$	$\overline{K}=\dfrac{K_5+K_6}{K_c}$
α	$\alpha=\dfrac{\overline{K}}{2+\overline{K}}$	$\alpha=\dfrac{0.5+\overline{K}}{2+\overline{K}}$

3.2.53 框架梁截面折算惯性矩 I_b

表 3 – 53　　　　　　　　框架梁截面折算惯性矩 I_b

结 构 类 型	中 框 架	边 框 架
现浇整体式楼盖	$I_b=2I_0$	$I_b=1.5I_0$
装配整体式楼盖	$I_b=1.5I_0$	$I_b=1.2I_0$

注　I_0 为框架梁矩形截面惯性矩。

3.2.54 规则框架承受均布水平荷载时标准反弯点高度比 y_0 值

表 3 – 54　　　　　　规则框架承受均布水平荷载时标准反弯点高度比 y_0 值

N	i	0.1	0.2	0.3	0.4	0.5	0.6	0.7	0.8	0.9	1.0	2.0	3.0	4.0	5.0
1	1	0.80	0.75	0.70	0.65	0.65	0.60	0.60	0.60	0.60	0.55	0.55	0.55	0.55	0.55
2	2	0.45	0.40	0.35	0.35	0.35	0.35	0.40	0.40	0.40	0.40	0.45	0.45	0.45	0.45
	1	0.95	0.80	0.75	0.70	0.65	0.65	0.65	0.60	0.60	0.60	0.55	0.55	0.55	0.55
3	3	0.15	0.20	0.20	0.25	0.30	0.30	0.30	0.35	0.35	0.35	0.40	0.45	0.45	0.45
	2	0.55	0.50	0.45	0.45	0.45	0.45	0.45	0.45	0.45	0.45	0.50	0.50	0.50	0.50
	1	1.00	0.85	0.80	0.75	0.70	0.70	0.65	0.65	0.65	0.60	0.55	0.55	0.55	0.55
4	4	-0.05	0.05	0.15	0.20	0.25	0.30	0.30	0.35	0.35	0.35	0.40	0.45	0.45	0.45
	3	0.25	0.30	0.30	0.35	0.35	0.40	0.40	0.40	0.40	0.45	0.45	0.50	0.50	0.50
	2	0.65	0.55	0.50	0.50	0.45	0.45	0.45	0.45	0.45	0.45	0.50	0.50	0.50	0.50
	1	1.10	0.90	0.80	0.75	0.70	0.70	0.65	0.65	0.65	0.60	0.55	0.55	0.55	0.55
5	5	-0.20	0.00	0.15	0.20	0.25	0.30	0.30	0.30	0.35	0.35	0.40	0.45	0.45	0.45
	4	0.10	0.20	0.25	0.30	0.35	0.35	0.40	0.40	0.40	0.45	0.45	0.50	0.50	0.50
	3	0.40	0.40	0.40	0.40	0.40	0.45	0.45	0.45	0.45	0.45	0.50	0.50	0.50	0.50
	2	0.65	0.55	0.50	0.50	0.50	0.50	0.50	0.50	0.50	0.50	0.50	0.50	0.50	0.50
	1	1.20	0.95	0.80	0.75	0.75	0.70	0.70	0.65	0.65	0.65	0.55	0.55	0.55	0.55

N	i	$\overline{K}$ 0.1	0.2	0.3	0.4	0.5	0.6	0.7	0.8	0.9	1.0	2.0	3.0	4.0	5.0
6	6	−0.30	0.00	0.10	0.20	0.25	0.25	0.30	0.30	0.35	0.35	0.40	0.45	0.45	0.45
	5	0.00	0.20	0.25	0.30	0.35	0.35	0.40	0.40	0.40	0.40	0.45	0.45	0.50	0.50
	4	0.20	0.30	0.35	0.35	0.40	0.40	0.40	0.45	0.45	0.45	0.45	0.50	0.50	0.50
	3	0.40	0.40	0.40	0.45	0.45	0.45	0.45	0.45	0.45	0.45	0.50	0.50	0.50	0.50
	2	0.70	0.60	0.55	0.50	0.50	0.50	0.50	0.50	0.50	0.50	0.50	0.50	0.50	0.50
	1	1.20	0.95	0.85	0.80	0.75	0.70	0.70	0.65	0.65	0.65	0.55	0.55	0.55	0.55
7	7	−0.35	−0.05	0.10	0.20	0.20	0.25	0.30	0.30	0.35	0.35	0.40	0.45	0.45	0.45
	6	−0.10	0.15	0.25	0.30	0.35	0.35	0.35	0.40	0.40	0.40	0.45	0.45	0.50	0.50
	5	0.10	0.25	0.30	0.35	0.40	0.40	0.40	0.45	0.45	0.45	0.45	0.50	0.50	0.50
	4	0.30	0.35	0.40	0.40	0.40	0.45	0.45	0.45	0.45	0.45	0.50	0.50	0.50	0.50
	3	0.50	0.45	0.45	0.45	0.45	0.45	0.45	0.45	0.45	0.45	0.50	0.50	0.50	0.50
	2	0.75	0.60	0.55	0.50	0.50	0.50	0.50	0.50	0.50	0.50	0.50	0.50	0.50	0.50
	1	1.20	0.95	0.85	0.80	0.75	0.70	0.70	0.65	0.65	0.65	0.55	0.55	0.55	0.55
8	8	−0.35	−0.15	0.10	0.15	0.25	0.25	0.30	0.30	0.35	0.35	0.40	0.45	0.45	0.45
	7	−0.10	0.15	0.25	0.30	0.35	0.35	0.40	0.40	0.40	0.40	0.45	0.50	0.50	0.50
	6	0.05	0.25	0.30	0.35	0.40	0.40	0.40	0.45	0.45	0.45	0.45	0.50	0.50	0.50
	5	0.20	0.30	0.35	0.40	0.40	0.45	0.45	0.45	0.45	0.45	0.50	0.50	0.50	0.50
	4	0.35	0.40	0.40	0.45	0.45	0.45	0.45	0.45	0.45	0.45	0.50	0.50	0.50	0.50
	3	0.50	0.45	0.45	0.45	0.45	0.45	0.45	0.45	0.50	0.50	0.50	0.50	0.50	0.50
	2	0.75	0.60	0.55	0.55	0.50	0.50	0.50	0.50	0.50	0.50	0.50	0.50	0.50	0.50
	1	1.20	1.00	0.85	0.80	0.75	0.70	0.70	0.65	0.65	0.65	0.55	0.55	0.55	0.55
9	9	−0.40	−0.05	0.10	0.20	0.25	0.25	0.30	0.30	0.35	0.35	0.45	0.45	0.45	0.45
	8	−0.15	0.15	0.20	0.30	0.35	0.35	0.35	0.40	0.40	0.40	0.45	0.45	0.50	0.50
	7	0.05	0.25	0.30	0.35	0.40	0.40	0.40	0.45	0.45	0.45	0.45	0.50	0.50	0.50
	6	0.15	0.30	0.35	0.40	0.40	0.45	0.45	0.45	0.45	0.45	0.50	0.50	0.50	0.50
	5	0.25	0.35	0.40	0.40	0.45	0.45	0.45	0.45	0.45	0.45	0.50	0.50	0.50	0.50
	4	0.40	0.40	0.40	0.45	0.45	0.45	0.45	0.45	0.45	0.45	0.50	0.50	0.50	0.50
	3	0.55	0.45	0.45	0.45	0.45	0.45	0.45	0.45	0.50	0.50	0.50	0.50	0.50	0.50
	2	0.80	0.65	0.55	0.55	0.50	0.50	0.50	0.50	0.50	0.50	0.50	0.50	0.50	0.50
	1	1.20	1.00	0.85	0.80	0.75	0.70	0.70	0.65	0.65	0.65	0.55	0.55	0.55	0.55
10	10	−0.40	−0.05	0.10	0.20	0.25	0.30	0.30	0.30	0.35	0.35	0.40	0.45	0.45	0.45
	9	−0.15	0.15	0.25	0.30	0.35	0.35	0.40	0.40	0.40	0.40	0.45	0.45	0.50	0.50
	8	0.00	0.25	0.30	0.35	0.40	0.40	0.40	0.45	0.45	0.45	0.45	0.50	0.50	0.50
	7	0.10	0.30	0.35	0.40	0.40	0.45	0.45	0.45	0.45	0.45	0.50	0.50	0.50	0.50
	6	0.20	0.35	0.40	0.40	0.45	0.45	0.45	0.45	0.45	0.45	0.50	0.50	0.50	0.50
	5	0.30	0.40	0.40	0.45	0.45	0.45	0.45	0.45	0.45	0.45	0.50	0.50	0.50	0.50
	4	0.40	0.40	0.45	0.45	0.45	0.45	0.45	0.45	0.45	0.45	0.50	0.50	0.50	0.50
	3	0.55	0.50	0.45	0.45	0.45	0.50	0.50	0.50	0.50	0.50	0.50	0.50	0.50	0.50
	2	0.80	0.65	0.55	0.55	0.55	0.50	0.50	0.50	0.50	0.50	0.50	0.50	0.50	0.50
	1	1.30	1.00	0.85	0.80	0.75	0.70	0.70	0.65	0.65	0.65	0.60	0.55	0.55	0.55

N	$\overline{K}$ / i	0.1	0.2	0.3	0.4	0.5	0.6	0.7	0.8	0.9	1.0	2.0	3.0	4.0	5.0
11	11	−0.40	0.05	0.10	0.20	0.25	0.30	0.30	0.30	0.35	0.35	0.40	0.45	0.45	0.45
	10	−0.15	0.15	0.25	0.30	0.35	0.35	0.40	0.40	0.40	0.40	0.45	0.45	0.50	0.50
	9	0.00	0.25	0.30	0.35	0.40	0.40	0.40	0.45	0.45	0.45	0.45	0.50	0.50	0.50
	8	0.10	0.30	0.35	0.40	0.40	0.45	0.45	0.45	0.45	0.45	0.50	0.50	0.50	0.50
	7	0.20	0.35	0.40	0.45	0.45	0.45	0.45	0.45	0.45	0.45	0.50	0.50	0.50	0.50
	6	0.25	0.35	0.40	0.45	0.45	0.45	0.45	0.45	0.45	0.45	0.50	0.50	0.50	0.50
	5	0.35	0.40	0.40	0.45	0.45	0.45	0.45	0.45	0.50	0.50	0.50	0.50	0.50	0.50
	4	0.40	0.40	0.45	0.45	0.45	0.45	0.45	0.50	0.50	0.50	0.50	0.50	0.50	0.50
	3	0.55	0.50	0.50	0.50	0.50	0.50	0.50	0.50	0.50	0.50	0.50	0.50	0.50	0.50
	2	0.80	0.65	0.60	0.55	0.55	0.50	0.50	0.50	0.50	0.50	0.50	0.50	0.50	0.50
	1	1.30	1.00	0.85	0.80	0.75	0.70	0.70	0.65	0.65	0.65	0.60	0.55	0.55	0.55
12以上	自上1	−0.40	−0.05	0.10	0.20	0.25	0.30	0.30	0.30	0.35	0.35	0.45	0.45	0.45	0.45
	2	−0.15	0.15	0.25	0.30	0.35	0.35	0.40	0.40	0.40	0.40	0.45	0.45	0.50	0.50
	3	0.00	0.25	0.30	0.35	0.40	0.40	0.40	0.45	0.45	0.45	0.45	0.50	0.50	0.50
	4	0.10	0.30	0.35	0.40	0.40	0.45	0.45	0.45	0.45	0.45	0.50	0.50	0.50	0.50
	5	0.20	0.35	0.40	0.40	0.45	0.45	0.45	0.45	0.45	0.45	0.50	0.50	0.50	0.50
	6	0.25	0.35	0.40	0.45	0.45	0.45	0.45	0.45	0.45	0.45	0.50	0.50	0.50	0.50
	7	0.30	0.40	0.40	0.45	0.45	0.45	0.45	0.45	0.50	0.50	0.50	0.50	0.50	0.50
	8	0.35	0.40	0.45	0.45	0.45	0.45	0.45	0.50	0.50	0.50	0.50	0.50	0.50	0.50
	中间	0.40	0.40	0.45	0.45	0.45	0.45	0.50	0.50	0.50	0.50	0.50	0.50	0.50	0.50
	4	0.45	0.45	0.45	0.45	0.50	0.50	0.50	0.50	0.50	0.50	0.50	0.50	0.50	0.50
	3	0.60	0.50	0.50	0.50	0.50	0.50	0.50	0.50	0.50	0.50	0.50	0.50	0.50	0.50
	2	0.80	0.65	0.60	0.55	0.55	0.50	0.50	0.50	0.50	0.50	0.50	0.50	0.50	0.50
	自下1	1.30	1.00	0.85	0.80	0.75	0.70	0.70	0.65	0.65	0.65	0.55	0.55	0.55	0.55

3.2.55 规则框架承受倒三角形分布水平荷载作用时标准反弯点的高度比 y_0 值

表 3-55 规则框架承受倒三角形分布水平荷载作用时标准反弯点的高度比 y_0 值

N	$\overline{K}$ / i	0.1	0.2	0.3	0.4	0.5	0.6	0.7	0.8	0.9	1.0	2.0	3.0	4.0	5.0
1	1	0.80	0.75	0.70	0.65	0.65	0.60	0.60	0.60	0.60	0.55	0.55	0.55	0.55	0.55
2	2	0.50	0.45	0.40	0.40	0.40	0.40	0.40	0.40	0.40	0.45	0.45	0.45	0.45	0.50
	1	1.00	0.85	0.75	0.70	0.70	0.65	0.65	0.65	0.60	0.60	0.55	0.55	0.55	0.55

N	i	$\overline{K}$ 0.1	0.2	0.3	0.4	0.5	0.6	0.7	0.8	0.9	1.0	2.0	3.0	4.0	5.0
3	3	0.25	0.25	0.25	0.30	0.30	0.35	0.35	0.35	0.40	0.40	0.45	0.45	0.45	0.50
	2	0.60	0.50	0.50	0.50	0.50	0.45	0.45	0.45	0.45	0.45	0.50	0.50	0.50	0.50
	1	1.15	0.90	0.80	0.75	0.75	0.70	0.70	0.65	0.65	0.65	0.60	0.55	0.55	0.55
4	4	0.10	0.15	0.20	0.25	0.30	0.30	0.35	0.35	0.35	0.40	0.45	0.45	0.45	0.45
	3	0.35	0.35	0.35	0.40	0.40	0.40	0.40	0.45	0.45	0.45	0.45	0.50	0.50	0.50
	2	0.70	0.60	0.55	0.50	0.50	0.50	0.50	0.50	0.50	0.50	0.50	0.50	0.50	0.50
	1	1.20	0.95	0.85	0.80	0.75	0.70	0.70	0.70	0.65	0.65	0.55	0.55	0.55	0.55
5	5	−0.05	0.10	0.20	0.25	0.30	0.30	0.35	0.35	0.35	0.35	0.40	0.45	0.45	0.45
	4	0.20	0.25	0.35	0.35	0.40	0.40	0.40	0.40	0.40	0.45	0.45	0.50	0.50	0.50
	3	0.45	0.40	0.45	0.45	0.45	0.45	0.45	0.45	0.45	0.45	0.50	0.50	0.50	0.50
	2	0.75	0.60	0.55	0.55	0.50	0.50	0.50	0.50	0.50	0.50	0.50	0.50	0.50	0.50
	1	1.30	1.00	0.85	0.80	0.75	0.70	0.70	0.65	0.65	0.65	0.65	0.55	0.55	0.55
6	6	−0.15	0.05	0.15	0.20	0.25	0.30	0.30	0.35	0.35	0.35	0.40	0.45	0.45	0.45
	5	0.10	0.25	0.30	0.35	0.35	0.40	0.40	0.40	0.45	0.45	0.45	0.50	0.50	0.50
	4	0.30	0.35	0.40	0.40	0.45	0.45	0.45	0.45	0.45	0.45	0.50	0.50	0.50	0.50
	3	0.50	0.45	0.45	0.45	0.45	0.45	0.45	0.45	0.45	0.50	0.50	0.50	0.50	0.50
	2	0.80	0.65	0.55	0.55	0.55	0.50	0.50	0.50	0.50	0.50	0.50	0.50	0.50	0.50
	1	1.30	1.00	0.85	0.80	0.75	0.70	0.70	0.65	0.65	0.65	0.60	0.55	0.55	0.55
7	7	−0.20	0.05	0.15	0.20	0.25	0.30	0.30	0.35	0.35	0.35	0.45	0.45	0.45	0.45
	6	0.05	0.20	0.30	0.35	0.35	0.40	0.40	0.40	0.40	0.45	0.45	0.50	0.50	0.50
	5	0.20	0.30	0.35	0.40	0.40	0.45	0.45	0.45	0.45	0.45	0.50	0.50	0.50	0.50
	4	0.35	0.40	0.40	0.45	0.45	0.45	0.45	0.45	0.45	0.45	0.50	0.50	0.50	0.50
	3	0.55	0.50	0.50	0.50	0.50	0.50	0.50	0.50	0.50	0.50	0.50	0.50	0.50	0.50
	2	0.80	0.65	0.60	0.55	0.55	0.55	0.50	0.50	0.50	0.50	0.50	0.50	0.50	0.50
	1	1.30	1.00	0.90	0.80	0.75	0.70	0.70	0.70	0.65	0.65	0.60	0.55	0.55	0.55
8	8	−0.20	0.05	0.15	0.20	0.25	0.30	0.30	0.35	0.35	0.35	0.45	0.45	0.45	0.45
	7	0.00	0.20	0.30	0.35	0.35	0.40	0.40	0.40	0.40	0.45	0.45	0.50	0.50	0.50
	6	0.15	0.30	0.35	0.40	0.40	0.45	0.45	0.45	0.45	0.45	0.50	0.50	0.50	0.50
	5	0.30	0.40	0.40	0.45	0.45	0.45	0.45	0.45	0.45	0.45	0.50	0.50	0.50	0.50
	4	0.40	0.45	0.45	0.45	0.45	0.45	0.45	0.50	0.50	0.50	0.50	0.50	0.50	0.50
	3	0.60	0.50	0.50	0.50	0.50	0.50	0.50	0.50	0.50	0.50	0.50	0.50	0.50	0.50
	2	0.85	0.65	0.60	0.55	0.55	0.55	0.50	0.50	0.50	0.50	0.50	0.50	0.50	0.50
	1	1.30	1.00	0.90	0.80	0.75	0.70	0.70	0.70	0.65	0.65	0.60	0.55	0.55	0.55

N	i	0.1	0.2	0.3	0.4	0.5	0.6	0.7	0.8	0.9	1.0	2.0	3.0	4.0	5.0
9	9	−0.25	0.00	0.15	0.20	0.25	0.30	0.30	0.35	0.35	0.40	0.45	0.45	0.45	0.45
	8	0.00	0.20	0.30	0.35	0.35	0.40	0.40	0.40	0.40	0.45	0.45	0.50	0.50	0.50
	7	0.15	0.30	0.35	0.40	0.40	0.45	0.45	0.45	0.45	0.45	0.50	0.50	0.50	0.50
	6	0.25	0.35	0.40	0.40	0.45	0.45	0.45	0.45	0.45	0.50	0.50	0.50	0.50	0.50
	5	0.35	0.40	0.45	0.45	0.45	0.45	0.45	0.50	0.50	0.50	0.50	0.50	0.50	0.50
	4	0.45	0.45	0.45	0.45	0.45	0.50	0.50	0.50	0.50	0.50	0.50	0.50	0.50	0.50
	3	0.60	0.50	0.50	0.50	0.50	0.50	0.50	0.50	0.50	0.50	0.50	0.50	0.50	0.50
	2	0.85	0.65	0.60	0.55	0.55	0.55	0.55	0.50	0.50	0.50	0.50	0.50	0.50	0.50
	1	1.35	1.00	0.90	0.80	0.75	0.75	0.70	0.70	0.65	0.65	0.60	0.55	0.55	0.55
10	10	−0.25	0.00	0.15	0.20	0.25	0.30	0.30	0.35	0.35	0.40	0.45	0.45	0.45	0.45
	9	−0.10	0.20	0.30	0.35	0.35	0.40	0.40	0.40	0.40	0.45	0.45	0.50	0.50	0.50
	8	0.10	0.30	0.35	0.40	0.40	0.40	0.45	0.45	0.45	0.45	0.50	0.50	0.50	0.50
	7	0.20	0.35	0.40	0.40	0.45	0.45	0.45	0.45	0.45	0.50	0.50	0.50	0.50	0.50
	6	0.30	0.40	0.40	0.45	0.45	0.45	0.45	0.45	0.45	0.50	0.50	0.50	0.50	0.50
	5	0.40	0.45	0.45	0.45	0.45	0.45	0.45	0.50	0.50	0.50	0.50	0.50	0.50	0.50
	4	0.50	0.45	0.45	0.45	0.50	0.50	0.50	0.50	0.50	0.50	0.50	0.50	0.50	0.50
	3	0.60	0.55	0.50	0.50	0.50	0.50	0.50	0.50	0.50	0.50	0.50	0.50	0.50	0.50
	2	0.85	0.65	0.60	0.55	0.55	0.55	0.55	0.50	0.50	0.50	0.50	0.50	0.50	0.50
	1	1.35	1.00	0.90	0.80	0.75	0.75	0.70	0.70	0.65	0.65	0.60	0.55	0.55	0.55
11	11	−0.25	0.00	0.15	0.20	0.25	0.30	0.30	0.30	0.35	0.35	0.45	0.45	0.45	0.45
	10	−0.05	0.20	0.25	0.30	0.35	0.40	0.40	0.40	0.40	0.45	0.45	0.50	0.50	0.50
	9	0.10	0.30	0.35	0.40	0.40	0.40	0.45	0.45	0.45	0.45	0.50	0.50	0.50	0.50
	8	0.20	0.35	0.40	0.40	0.45	0.45	0.45	0.45	0.45	0.45	0.50	0.50	0.50	0.50
	7	0.25	0.40	0.40	0.45	0.45	0.45	0.45	0.45	0.45	0.50	0.50	0.50	0.50	0.50
	6	0.35	0.40	0.45	0.45	0.45	0.45	0.45	0.50	0.50	0.50	0.50	0.50	0.50	0.50
	5	0.40	0.45	0.45	0.45	0.45	0.50	0.50	0.50	0.50	0.50	0.50	0.50	0.50	0.50
	4	0.50	0.50	0.50	0.50	0.50	0.50	0.50	0.50	0.50	0.50	0.50	0.50	0.50	0.50
	3	0.65	0.55	0.50	0.50	0.50	0.50	0.50	0.50	0.50	0.50	0.50	0.50	0.50	0.50
	2	0.85	0.65	0.60	0.55	0.55	0.55	0.55	0.50	0.50	0.50	0.50	0.50	0.50	0.50
	1	1.35	1.05	0.90	0.80	0.75	0.75	0.70	0.70	0.65	0.65	0.60	0.55	0.55	0.55

N	i \ $\overline{K}$	0.1	0.2	0.3	0.4	0.5	0.6	0.7	0.8	0.9	1.0	2.0	3.0	4.0	5.0
12以上	自上1	−0.30	0.00	0.15	0.20	0.25	0.30	0.30	0.30	0.35	0.35	0.40	0.45	0.45	0.45
	2	−0.10	0.20	0.25	0.30	0.35	0.40	0.40	0.40	0.40	0.40	0.45	0.45	0.45	0.50
	3	0.05	0.25	0.35	0.40	0.40	0.40	0.45	0.45	0.45	0.45	0.50	0.50	0.50	0.50
	4	0.15	0.30	0.40	0.40	0.45	0.45	0.45	0.45	0.45	0.45	0.45	0.50	0.50	0.50
	5	0.25	0.35	0.50	0.45	0.45	0.45	0.45	0.45	0.45	0.45	0.50	0.50	0.50	0.50
	6	0.30	0.40	0.50	0.45	0.45	0.45	0.45	0.50	0.50	0.50	0.50	0.50	0.50	0.50
	7	0.35	0.40	0.55	0.45	0.45	0.50	0.50	0.50	0.50	0.50	0.50	0.50	0.50	0.50
	8	0.35	0.45	0.55	0.45	0.50	0.50	0.50	0.50	0.50	0.50	0.50	0.50	0.50	0.50
	中间	0.45	0.45	0.55	0.50	0.50	0.50	0.50	0.50	0.50	0.50	0.50	0.50	0.50	0.50
	4	0.55	0.50	0.50	0.50	0.50	0.50	0.50	0.50	0.50	0.50	0.50	0.50	0.50	0.50
	3	0.65	0.55	0.50	0.50	0.50	0.50	0.50	0.50	0.50	0.50	0.50	0.50	0.50	0.50
	2	0.70	0.70	0.60	0.55	0.55	0.55	0.55	0.50	0.50	0.50	0.50	0.50	0.50	0.50
	自下1	1.35	1.05	0.90	0.80	0.75	0.70	0.70	0.70	0.65	0.65	0.60	0.55	0.55	0.55

3.2.56 上下层横梁线刚度比对 y_0 的修正值 y_1

表 3-56 　　　　　　　　　　　上下层横梁线刚度比对 y_0 的修正值 y_1

α_1 \ $\overline{K}$	0.1	0.2	0.3	0.4	0.5	0.6	0.7	0.8	0.9	1.0	2.0	3.0	4.0	5.0
0.4	0.55	0.40	0.30	0.25	0.20	0.20	0.20	0.15	0.15	0.15	0.05	0.05	0.05	0.05
0.5	0.45	0.30	0.20	0.20	0.15	0.15	0.15	0.10	0.10	0.10	0.05	0.05	0.05	0.05
0.6	0.30	0.20	0.15	0.15	0.10	0.10	0.10	0.10	0.05	0.05	0.05	0.05	0	0
0.7	0.20	0.15	0.10	0.10	0.10	0.10	0.05	0.05	0.05	0.05	0	0	0	0
0.8	0.15	0.10	0.05	0.05	0.05	0.05	0.05	0.05	0.05	0	0	0	0	0
0.9	0.05	0.05	0.05	0.05	0	0	0	0	0	0	0	0	0	0

3.2.57 上下层高变化对 y_0 的修正值 y_2 和 y_3

表 3-57 　　　　　　　　　　　上下层高变化对 y_0 的修正值 y_2 和 y_3

α_2	α_3 \ $\overline{K}$	0.1	0.2	0.3	0.4	0.5	0.6	0.7	0.8	0.9	1.0	2.0	3.0	4.0	5.0
2.0	—	0.25	0.15	0.15	0.10	0.10	0.10	0.10	0.10	0.05	0.05	0.05	0.05	0.0	0.0
1.8	—	0.20	0.15	0.10	0.10	0.10	0.05	0.05	0.05	0.05	0.05	0.05	0.0	0.0	0.0
1.6	0.4	0.15	0.10	0.10	0.05	0.05	0.05	0.05	0.05	0.05	0.05	0.0	0.0	0.0	0.0

α_2 ╲ $\overline{K}$ ╱ α_3		0.1	0.2	0.3	0.4	0.5	0.6	0.7	0.8	0.9	1.0	2.0	3.0	4.0	5.0
1.4	0.6	0.10	0.05	0.05	0.05	0.05	0.05	0.05	0.05	0.05	0.0	0.0	0.0	0.0	0.0
1.2	0.8	0.05	0.05	0.05	0.0	0.0	0.0	0.0	0.0	0.0	0.0	0.0	0.0	0.0	0.0
1.0	1.0	0.0	0.0	0.0	0.0	0.0	0.0	0.0	0.0	0.0	0.0	0.0	0.0	0.0	0.0
0.8	1.2	−0.05	−0.05	−0.05	0.0	0.0	0.0	0.0	0.0	0.0	0.0	0.0	0.0	0.0	0.0
0.6	1.4	−0.10	−0.05	−0.05	−0.05	−0.05	−0.05	−0.05	−0.05	−0.05	0.0	0.0	0.0	0.0	0.0
0.4	1.6	−0.15	−0.10	−0.10	−0.05	−0.05	−0.05	−0.05	−0.05	−0.05	−0.05	0.0	0.0	0.0	0.0
—	1.8	−0.20	−0.15	−0.10	−0.10	−0.10	−0.05	−0.05	−0.05	−0.05	−0.05	0.0	0.0	0.0	0.0
—	2.0	−0.25	−0.15	−0.15	−0.10	−0.10	−0.10	−0.10	−0.10	−0.10	−0.05	−0.05	−0.05	0.0	0.0

3.2.58　抗震墙整体系数 ζ 的取值

表 3-58　　　　　　　　　　抗震墙整体系数 ζ 的取值

层数 ╲ α	8	10	12	16	20	≥30
10	0.886	0.948	0.975	1.000	1.000	1.000
12	0.866	0.924	0.950	0.994	1.000	1.000
14	0.853	0.908	0.934	0.978	1.000	1.000
16	0.844	0.896	0.923	0.964	0.988	1.000
18	0.836	0.888	0.914	0.952	0.978	1.000
20	0.831	0.880	0.906	0.945	0.970	1.000
22	0.827	0.875	0.901	0.940	0.965	1.000
24	0.824	0.871	0.897	0.936	0.960	0.989
26	0.822	0.867	0.894	0.932	0.955	0.986
28	0.820	0.864	0.890	0.929	0.952	0.982
≥30	0.818	0.861	0.887	0.926	0.950	0.979

3.2.59　墙肢轴力倒三角形荷载 $(N/\varepsilon_1) \times 10^{-2}$ 值表

表 3-59　　　　　　　墙肢轴力倒三角形荷载 $(N/\varepsilon_1) \times 10^{-2}$ 值表

ε_1 ╲ λ_1	1.00	1.20	1.40	1.60	1.80	2.00	2.20	2.40	2.60	2.80	3.00
0.00	0.000	0.000	0.000	0.000	0.000	0.000	0.000	0.000	0.000	0.000	0.000
0.02	0.171	0.150	0.130	0.112	0.096	0.083	0.071	0.062	0.053	0.046	0.040
0.04	0.343	0.299	0.259	0.224	0.192	0.166	0.143	0.123	0.107	0.093	0.081
0.06	0.514	0.449	0.389	0.336	0.289	0.249	0.215	0.186	0.161	0.140	0.122
0.08	0.686	0.599	0.519	0.448	0.386	0.332	0.287	0.248	0.215	0.187	0.163

ε_1 \ λ_1	1.00	1.20	1.40	1.60	1.80	2.00	2.20	2.40	2.60	2.80	3.00
0.10	0.857	0.749	0.649	0.561	0.483	0.416	0.359	0.311	0.270	0.235	0.205
0.12	1.029	0.899	0.780	0.674	0.581	0.501	0.432	0.374	0.325	0.283	0.247
0.14	1.201	1.050	0.911	0.787	0.679	0.586	0.506	0.438	0.380	0.332	0.290
0.16	1.373	1.201	1.042	0.901	0.777	0.671	0.580	0.503	0.437	0.381	0.333
0.18	1.545	1.352	1.174	1.015	0.876	0.757	0.655	0.568	0.494	0.431	0.378
0.20	1.717	1.503	1.306	1.130	0.976	0.844	0.730	0.634	0.552	0.482	0.423
0.22	1.890	1.655	1.438	1.245	1.076	0.931	0.807	0.701	0.610	0.534	0.468
0.24	2.062	1.806	1.570	1.360	1.177	1.019	0.883	0.768	0.670	0.586	0.515
0.26	2.233	1.957	1.703	1.476	1.278	1.107	0.961	0.836	0.730	0.639	0.562
0.28	2.405	2.109	1.836	1.592	1.380	1.196	1.039	0.905	0.791	0.693	0.610
0.30	2.576	2.260	1.969	1.709	1.482	1.285	1.118	0.974	0.852	0.748	0.659
0.32	2.746	2.411	2.101	1.825	1.584	1.375	1.197	1.044	0.914	0.804	0.709
0.34	2.915	2.561	2.234	1.942	1.686	1.466	1.276	1.115	0.977	0.860	0.759
0.36	3.084	2.711	2.366	2.058	1.789	1.556	1.357	1.186	1.041	0.916	0.810
0.38	3.252	2.860	2.498	2.174	1.891	1.647	1.437	1.258	1.105	0.974	0.862
0.40	3.418	3.008	2.629	2.290	1.994	1.738	1.518	1.330	1.169	1.032	0.914
0.42	3.583	3.155	2.759	2.406	2.096	1.829	1.599	1.402	1.234	1.090	0.967
0.44	3.747	3.301	2.889	2.521	2.198	1.919	1.680	1.475	1.299	1.149	1.020
0.46	3.908	3.445	3.017	2.635	2.300	2.010	1.761	1.547	1.364	1.208	1.074
0.48	4.068	3.588	3.145	2.748	2.401	2.100	1.841	1.620	1.430	1.267	1.128
0.50	4.225	3.729	3.271	2.861	2.501	2.190	1.922	1.692	1.495	1.327	1.182
0.52	4.380	3.868	3.395	2.972	2.600	2.279	2.002	1.764	1.561	1.386	1.236
0.54	4.532	4.005	3.518	3.081	2.698	2.367	2.081	1.836	1.626	1.445	1.290
0.56	4.682	4.139	3.638	3.189	2.795	2.454	2.160	1.907	1.690	1.504	1.344
0.58	4.827	4.271	3.756	3.295	2.891	2.540	2.237	1.978	1.755	1.563	1.398
0.60	4.970	4.400	3.872	3.400	2.984	2.624	2.314	2.047	1.818	1.621	1.451
0.62	5.109	4.525	3.985	3.501	3.076	0.707	2.389	2.116	1.881	1.678	1.504
0.64	5.243	4.647	4.095	3.601	3.166	2.789	2.463	2.183	1.942	1.735	1.556
0.66	5.374	4.765	4.202	3.697	3.253	2.868	2.535	2.249	2.003	1.790	1.607
0.68	5.499	4.897	4.305	3.791	3.338	2.945	2.606	2.313	2.062	1.845	1.657
0.70	5.620	4.989	4.405	3.881	3.420	3.020	2.674	2.376	2.119	1.898	1.706
0.72	5.735	5.094	4.500	3.968	3.499	3.092	2.740	2.436	2.175	1.949	1.754
0.74	5.845	5.194	4.592	4.051	3.575	3.161	2.803	2.494	2.228	1.999	1.800
0.76	5.949	5.289	4.678	4.129	3.647	3.227	2.863	2.550	2.280	2.047	1.844
0.78	6.047	5.379	4.760	4.204	3.715	3.289	2.921	2.603	2.329	2.092	1.887
0.80	6.138	5.462	4.836	4.274	3.778	3.347	2.975	2.653	2.375	2.135	1.927
0.82	6.222	5.539	4.907	4.338	3.838	3.402	3.025	2.700	2.419	2.175	1.965

ε_1 \ λ_1	1.00	1.20	1.40	1.60	1.80	2.00	2.20	2.40	2.60	2.80	3.00
0.84	6.299	5.610	4.971	4.398	3.892	3.452	3.071	2.743	2.459	2.213	2.000
0.86	6.368	5.674	5.030	4.451	3.942	3.498	3.114	2.782	2.495	2.247	2.032
0.88	6.429	5.730	5.082	4.499	3.986	3.539	3.151	2.817	2.528	2.278	2.060
0.90	6.482	5.779	5.127	4.540	4.024	3.574	3.184	2.848	2.557	2.305	2.086
0.92	6.526	5.819	5.164	4.575	4.056	3.604	3.212	2.873	2.581	2.327	2.107
0.94	6.561	5.852	5.194	4.603	4.082	3.628	3.234	2.894	2.600	2.346	2.124
0.96	6.587	5.875	5.216	4.623	4.100	3.645	3.251	2.909	2.615	2.359	2.137
0.98	6.602	5.890	5.229	4.635	4.112	3.656	3.261	2.919	2.623	2.368	2.145
1.00	6.608	5.895	5.234	4.640	4.116	3.659	3.264	2.922	2.627	2.370	2.148

ε_1 \ λ_1	3.20	3.40	3.60	3.80	4.00	4.20	4.40	4.60	4.80	5.00	5.20
0.00	0.000	0.000	0.000	0.000	0.000	0.000	0.000	0.000	0.000	0.000	0.000
0.02	0.035	0.031	0.027	0.024	0.021	0.019	0.017	0.015	0.014	0.012	0.011
0.04	0.071	0.062	0.055	0.048	0.043	0.038	0.034	0.031	0.027	0.025	0.022
0.06	0.107	0.094	0.083	0.073	0.065	0.058	0.052	0.046	0.042	0.037	0.034
0.08	0.143	0.126	0.111	0.098	0.087	0.077	0.069	0.062	0.056	0.050	0.046
0.10	0.179	0.158	0.139	0.123	0.110	0.098	0.087	0.078	0.071	0.064	0.058
0.12	0.217	0.191	0.168	0.149	0.133	0.118	0.106	0.095	0.086	0.077	0.070
0.14	0.254	0.224	0.198	0.176	0.156	0.140	0.125	0.112	0.101	0.092	0.083
0.16	0.293	0.258	0.228	0.203	0.181	0.161	0.145	0.130	0.118	0.107	0.097
0.18	0.332	0.293	0.259	0.230	0.206	0.184	0.165	0.149	0.135	0.122	0.111
0.20	0.372	0.328	0.291	0.259	0.231	0.207	0.186	0.168	0.152	0.138	0.126
0.22	0.412	0.365	0.324	0.288	0.258	0.231	0.208	0.188	0.170	0.155	0.141
0.24	0.454	0.402	0.357	0.318	0.285	0.256	0.230	0.208	0.189	0.172	0.157
0.26	0.496	0.440	0.391	0.349	0.313	0.281	0.254	0.230	0.208	0.190	0.173
0.28	0.539	0.478	0.426	0.381	0.341	0.307	0.277	0.251	0.229	0.208	0.191
0.30	0.583	0.518	0.461	0.413	0.371	0.334	0.302	0.274	0.249	0.228	0.208
0.32	0.628	0.558	0.498	0.446	0.401	0.362	0.327	0.297	0.271	0.248	0.227
0.34	0.673	0.599	0.535	0.480	0.432	0.390	0.353	0.321	0.293	0.268	0.246
0.36	0.719	0.641	0.573	0.514	0.463	0.419	0.380	0.346	0.316	0.289	0.266
0.38	0.766	0.683	0.612	0.550	0.496	0.449	0.408	0.371	0.339	0.311	0.286
0.40	0.813	0.726	0.651	0.586	0.529	0.479	0.436	0.397	0.364	0.334	0.307
0.42	0.861	0.770	0.691	0.622	0.562	0.510	0.464	0.424	0.388	0.357	0.328
0.44	0.909	0.814	0.731	0.659	0.596	0.542	0.493	0.451	0.413	0.380	0.350

ε_1 \ λ_1	3.20	3.40	3.60	3.80	4.00	4.20	4.40	4.60	4.80	5.00	5.20
0.46	0.958	0.858	0.772	0.697	0.631	0.574	0.523	0.479	0.439	0.404	0.373
0.48	1.007	0.903	0.813	0.735	0.666	0.606	0.553	0.507	0.465	0.429	0.396
0.50	1.057	0.949	0.855	0.773	0.702	0.639	0.584	0.535	0.492	0.453	0.419
0.52	1.106	0.994	0.897	0.812	0.738	0.672	0.615	0.564	0.519	0.479	0.443
0.54	1.156	1.040	0.939	0.851	0.774	0.706	0.646	0.593	0.546	0.504	0.467
0.56	1.205	1.085	0.981	0.890	0.810	0.740	0.678	0.623	0.574	0.530	0.491
0.58	1.255	1.131	1.023	0.929	0.846	0.773	0.709	0.652	0.601	0.556	0.515
0.60	1.304	1.176	1.065	0.968	0.883	0.807	0.741	0.682	0.629	0.582	0.540
0.62	1.353	1.221	1.107	1.007	0.919	0.841	0.772	0.711	0.657	0.608	0.565
0.64	1.401	1.266	1.148	1.045	0.955	0.875	0.804	0.741	0.685	0.635	0.589
0.66	1.448	1.310	1.189	1.083	0.990	0.908	0.835	0.770	0.713	0.661	0.614
0.68	1.495	1.353	1.229	1.121	1.026	0.941	0.866	0.800	0.740	0.687	0.639
0.70	1.540	1.395	1.269	1.158	1.060	0.974	0.897	0.828	0.767	0.712	0.663
0.72	1.854	1.437	1.308	1.194	1.094	1.005	0.927	0.857	0.794	0.737	0.687
0.74	1.627	1.477	1.345	1.229	1.127	1.037	0.956	0.884	0.820	0.762	0.710
0.76	1.669	1.515	1.381	1.263	1.159	1.067	0.984	0.911	0.845	0.786	0.733
0.78	1.708	1.553	1.416	1.296	1.190	1.096	1.012	0.937	0.870	0.810	0.755
0.80	1.746	1.588	1.449	1.327	1.219	1.123	1.038	0.962	0.894	0.832	0.776
0.82	1.781	1.621	1.480	1.356	1.247	1.150	1.063	0.986	0.916	0.853	0.797
0.84	1.814	1.652	1.509	1.384	1.273	1.174	1.086	1.008	0.937	0.873	0.816
0.86	1.844	1.680	1.536	1.409	1.297	1.197	1.108	1.028	0.957	0.892	0.834
0.88	1.871	1.706	1.560	1.432	1.319	1.218	1.128	1.047	0.975	0.909	0.850
0.90	1.895	1.728	1.582	1.452	1.338	1.236	1.145	1.064	0.990	0.924	0.865
0.92	1.915	1.747	1.600	1.470	1.354	1.252	1.160	1.078	1.004	0.938	0.877
0.94	1.932	1.763	1.614	1.484	1.368	1.264	1.172	1.090	1.015	0.948	0.888
0.96	1.944	1.774	1.625	1.494	1.377	1.274	1.181	1.098	1.024	0.956	0.895
0.98	1.951	1.781	1.632	1.500	1.384	1.280	1.187	1.104	1.029	0.961	0.900
1.00	1.954	1.784	1.635	1.503	1.386	1.282	1.189	1.106	1.031	0.963	0.902

ε_1 \ λ_1	5.50	6.00	6.50	7.00	7.50	8.00	8.50	9.00	9.50	10.00	10.50
0.00	0.000	0.000	0.000	0.000	0.000	0.000	0.000	0.000	0.000	0.000	0.000
0.02	0.010	0.008	0.006	0.005	0.004	0.003	0.003	0.002	0.002	0.002	0.002
0.04	0.019	0.015	0.012	0.010	0.008	0.007	0.006	0.005	0.004	0.004	0.003
0.06	0.029	0.023	0.019	0.015	0.013	0.011	0.009	0.008	0.007	0.006	0.005
0.08	0.039	0.031	0.025	0.021	0.017	0.014	0.012	0.010	0.009	0.008	0.007
0.10	0.050	0.040	0.032	0.026	0.022	0.018	0.016	0.013	0.012	0.010	0.009

ε₁＼λ₁	5.50	6.00	6.50	7.00	7.50	8.00	8.50	9.00	9.50	10.00	10.50
0.12	0.061	0.049	0.040	0.033	0.027	0.023	0.019	0.017	0.015	0.013	0.011
0.14	0.072	0.058	0.047	0.039	0.033	0.028	0.024	0.020	0.018	0.015	0.014
0.16	0.084	0.068	0.055	0.046	0.038	0.033	0.028	0.024	0.021	0.018	0.016
0.18	0.097	0.078	0.064	0.053	0.045	0.038	0.033	0.028	0.025	0.022	0.019
0.20	0.110	0.089	0.073	0.061	0.051	0.044	0.038	0.033	0.029	0.025	0.022
0.22	0.123	0.100	0.082	0.069	0.058	0.050	0.043	0.037	0.033	0.029	0.026
0.24	0.137	0.112	0.092	0.077	0.066	0.056	0.049	0.042	0.037	0.033	0.030
0.26	0.152	0.124	0.103	0.086	0.073	0.063	0.055	0.048	0.042	0.037	0.034
0.28	0.168	0.137	0.114	0.096	0.082	0.070	0.061	0.054	0.047	0.042	0.038
0.30	0.184	0.151	0.125	0.106	0.090	0.078	0.068	0.060	0.053	0.047	0.042
0.32	0.200	0.165	0.137	0.116	0.099	0.086	0.075	0.066	0.058	0.052	0.047
0.34	0.217	0.179	0.150	0.127	0.109	0.094	0.082	0.072	0.064	0.057	0.052
0.36	0.235	0.194	0.163	0.138	0.119	0.103	0.090	0.079	0.071	0.063	0.057
0.38	0.254	0.210	0.176	0.150	0.129	0.112	0.098	0.087	0.077	0.069	0.062
0.40	0.272	0.226	0.190	0.162	0.139	0.121	0.106	0.094	0.084	0.075	0.068
0.42	0.292	0.243	0.204	0.174	0.150	0.131	0.115	0.102	0.091	0.081	0.073
0.44	0.312	0.260	0.219	0.187	0.162	0.141	0.124	0.110	0.098	0.088	0.079
0.46	0.332	0.277	0.234	0.200	0.173	0.151	0.133	0.118	0.105	0.095	0.085
0.48	0.353	0.295	0.250	0.214	0.185	0.162	0.143	0.127	0.113	0.102	0.092
0.50	0.374	0.313	0.266	0.228	0.198	0.173	0.152	0.135	0.121	0.109	0.098
0.52	0.396	0.332	0.282	0.242	0.210	0.184	0.162	0.144	0.129	0.116	0.105
0.54	0.418	0.351	0.298	0.257	0.223	0.195	0.173	0.153	0.137	0.124	0.112
0.56	0.440	0.370	0.315	0.271	0.236	0.207	0.183	0.163	0.146	0.131	0.119
0.58	0.462	0.389	0.332	0.286	0.249	0.219	0.193	0.172	0.154	0.139	0.126
0.60	0.485	0.409	0.349	0.301	0.263	0.231	0.204	0.182	0.163	0.147	0.133
0.62	0.507	0.429	0.367	0.317	0.276	0.243	0.215	0.192	0.172	0.155	0.141
0.64	0.530	0.448	0.384	0.332	0.290	0.255	0.226	0.202	0.181	0.163	0.148
0.66	0.553	0.468	0.401	0.348	0.304	0.267	0.237	0.212	0.190	0.172	0.156
0.68	0.575	0.488	0.419	0.363	0.317	0.280	0.248	0.222	0.199	0.180	0.163
0.70	0.597	0.508	0.436	0.378	0.331	0.292	0.259	0.232	0.208	0.188	0.171
0.72	0.619	0.527	0.453	0.394	0.345	0.304	0.271	0.242	0.218	0.197	0.179
0.74	0.641	0.546	0.470	0.409	0.359	0.317	0.282	0.252	0.227	0.205	0.186
0.76	0.662	0.565	0.487	0.424	0.372	0.329	0.293	0.262	0.236	0.214	0.194
0.78	0.683	0.583	0.503	0.438	0.385	0.341	0.304	0.272	0.245	0.222	0.202
0.80	0.703	0.601	0.519	0.453	0.398	0.352	0.314	0.282	0.254	0.230	0.209
0.82	0.722	0.618	0.534	0.466	0.410	0.364	0.324	0.291	0.263	0.238	0.217
0.84	0.740	0.634	0.549	0.479	0.422	0.374	0.334	0.300	0.271	0.246	0.224

ε_1 \ λ_1	5.50	6.00	6.50	7.00	7.50	8.00	8.50	9.00	9.50	10.00	10.50
0.86	0.756	0.649	0.562	0.492	0.433	0.385	0.344	0.309	0.279	0.253	0.231
0.88	0.772	0.662	0.575	0.503	0.444	0.394	0.352	0.317	0.286	0.260	0.237
0.90	0.785	0.675	0.586	0.513	0.453	0.403	0.360	0.324	0.293	0.266	0.243
0.92	0.797	0.686	0.596	0.522	0.461	0.411	0.368	0.331	0.299	0.272	0.248
0.94	0.807	0.694	0.604	0.530	0.468	0.417	0.373	0.336	0.305	0.277	0.253
0.96	0.814	0.701	0.610	0.535	0.474	0.422	0.378	0.341	0.309	0.281	0.257
0.98	0.819	0.705	0.614	0.539	0.477	0.425	0.381	0.344	0.311	0.283	0.259
1.00	0.820	0.707	0.615	0.540	0.478	0.426	0.382	0.345	0.312	0.284	0.260

ε_1 \ λ_1	11.00	12.00	13.00	14.00	15.00	17.00	19.00	21.00	23.00	25.00	28.00
0.00	0.000	0.000	0.000	0.000	0.000	0.000	0.000	0.000	0.000	0.000	0.000
0.02	0.001	0.001	0.001	0.001	0.001	0.000	0.000	0.000	0.000	0.000	0.000
0.04	0.003	0.002	0.002	0.001	0.001	0.001	0.001	0.000	0.000	0.000	0.000
0.06	0.004	0.003	0.003	0.002	0.002	0.001	0.001	0.001	0.001	0.000	0.000
0.08	0.006	0.005	0.004	0.003	0.003	0.002	0.001	0.001	0.001	0.001	0.001
0.10	0.008	0.006	0.005	0.004	0.003	0.003	0.002	0.001	0.001	0.001	0.001
0.12	0.010	0.008	0.006	0.005	0.004	0.003	0.003	0.002	0.002	0.001	0.001
0.14	0.012	0.010	0.008	0.007	0.006	0.004	0.003	0.003	0.002	0.002	0.001
0.16	0.015	0.012	0.010	0.008	0.007	0.005	0.004	0.003	0.003	0.002	0.002
0.18	0.017	0.014	0.012	0.010	0.008	0.006	0.005	0.004	0.003	0.003	0.002
0.20	0.020	0.016	0.014	0.011	0.010	0.007	0.006	0.005	0.004	0.003	0.003
0.22	0.023	0.019	0.016	0.013	0.011	0.009	0.007	0.005	0.005	0.004	0.003
0.24	0.027	0.022	0.018	0.015	0.013	0.010	0.008	0.006	0.005	0.004	0.004
0.26	0.030	0.025	0.021	0.018	0.015	0.012	0.009	0.007	0.006	0.005	0.004
0.28	0.034	0.028	0.023	0.020	0.017	0.013	0.010	0.008	0.007	0.006	0.005
0.30	0.038	0.031	0.026	0.022	0.019	0.015	0.012	0.010	0.008	0.007	0.005
0.32	0.042	0.035	0.029	0.025	0.022	0.017	0.013	0.011	0.009	0.007	0.006
0.34	0.047	0.039	0.033	0.028	0.024	0.019	0.015	0.012	0.010	0.008	0.007
0.36	0.051	0.043	0.036	0.031	0.027	0.020	0.016	0.013	0.011	0.009	0.007
0.38	0.056	0.047	0.039	0.034	0.029	0.023	0.018	0.015	0.012	0.010	0.008
0.40	0.061	0.051	0.043	0.037	0.032	0.025	0.020	0.016	0.013	0.011	0.009
0.42	0.067	0.055	0.047	0.040	0.035	0.027	0.021	0.017	0.015	0.012	0.010
0.44	0.072	0.060	0.051	0.044	0.038	0.029	0.023	0.019	0.016	0.013	0.011

ε_1 \ λ_1	11.00	12.00	13.00	14.00	15.00	17.00	19.00	21.00	23.00	25.00	28.00
0.46	0.078	0.065	0.055	0.047	0.041	0.032	0.025	0.021	0.017	0.014	0.012
0.48	0.083	0.070	0.059	0.051	0.044	0.034	0.027	0.022	0.018	0.016	0.012
0.50	0.089	0.075	0.063	0.054	0.047	0.037	0.029	0.024	0.020	0.017	0.013
0.52	0.095	0.080	0.068	0.058	0.051	0.039	0.031	0.026	0.021	0.018	0.014
0.54	0.102	0.085	0.072	0.062	0.054	0.042	0.033	0.027	0.023	0.019	0.015
0.56	0.108	0.091	0.077	0.066	0.058	0.045	0.036	0.029	0.024	0.021	0.016
0.58	0.115	0.096	0.082	0.070	0.061	0.047	0.038	0.031	0.026	0.022	0.017
0.60	0.121	0.102	0.086	0.074	0.065	0.050	0.040	0.033	0.027	0.023	0.018
0.62	0.128	0.107	0.091	0.079	0.068	0.053	0.043	0.035	0.029	0.024	0.020
0.64	0.135	0.113	0.096	0.083	0.072	0.056	0.045	0.037	0.031	0.026	0.021
0.66	0.142	0.119	0.101	0.087	0.076	0.059	0.047	0.039	0.032	0.027	0.022
0.68	0.149	0.125	0.107	0.092	0.080	0.062	0.050	0.041	0.034	0.029	0.023
0.70	0.156	0.131	0.112	0.096	0.084	0.065	0.052	0.043	0.036	0.030	0.024
0.72	0.163	0.137	0.117	0.101	0.088	0.068	0.055	0.045	0.037	0.032	0.025
0.74	0.170	0.143	0.122	0.105	0.092	0.072	0.057	0.047	0.039	0.033	0.026
0.76	0.177	0.149	0.127	0.110	0.096	0.075	0.060	0.049	0.041	0.035	0.028
0.78	0.184	0.155	0.133	0.115	0.100	0.078	0.062	0.051	0.043	0.036	0.029
0.80	0.191	0.161	0.138	0.119	0.104	0.081	0.065	0.053	0.044	0.038	0.030
0.82	0.198	0.167	0.143	0.124	0.108	0.084	0.068	0.055	0.046	0.039	0.031
0.84	0.205	0.173	0.148	0.128	0.112	0.087	0.070	0.057	0.048	0.041	0.032
0.86	0.211	0.179	0.153	0.132	0.116	0.091	0.073	0.060	0.050	0.042	0.034
0.88	0.217	0.184	0.158	0.137	0.119	0.094	0.075	0.062	0.052	0.044	0.035
0.90	0.223	0.189	0.162	0.140	0.123	0.096	0.078	0.064	0.053	0.045	0.036
0.92	0.228	0.193	0.166	0.144	0.126	0.099	0.080	0.066	0.055	0.047	0.037
0.94	0.232	0.197	0.169	0.147	0.129	0.101	0.082	0.067	0.056	0.048	0.038
0.96	0.235	0.200	0.172	0.150	0.131	0.103	0.083	0.069	0.058	0.049	0.039
0.98	0.238	0.202	0.174	0.151	0.133	0.105	0.085	0.070	0.059	0.050	0.040
1.00	0.239	0.203	0.175	0.152	0.133	0.105	0.085	0.070	0.059	0.050	0.040

3.2.60 墙肢轴力连续均布水平荷载 $(N/\varepsilon_2)\times10^{-2}$ 值表

表 3-60　　　　　墙肢轴力连续均布水平荷载 $(N/\varepsilon_2)\times10^{-2}$ 值表

ε_2 \ λ_1	1.00	1.20	1.40	1.60	1.80	2.00	2.20	2.40	2.60	2.80	3.00
0.00	0.000	0.000	0.000	0.000	0.000	0.000	0.000	0.000	0.000	0.000	0.000
0.02	0.227	0.198	0.171	0.147	0.126	0.108	0.093	0.080	0.069	0.060	0.052
0.04	0.454	0.396	0.342	0.294	0.252	0.216	0.186	0.160	0.138	0.119	0.104

ε_2 \ λ_1	1.00	1.20	1.40	1.60	1.80	2.00	2.20	2.40	2.60	2.80	3.00
0.06	0.682	0.594	0.513	0.441	0.379	0.325	0.279	0.240	0.207	0.179	0.156
0.08	0.909	0.792	0.685	0.589	0.506	0.434	0.373	0.321	0.277	0.240	0.208
0.10	1.137	0.991	0.857	0.737	0.633	0.544	0.467	0.403	0.348	0.301	0.262
0.12	1.365	1.190	1.029	0.886	0.761	0.654	0.562	0.485	0.419	0.363	0.316
0.14	1.593	1.390	1.202	1.035	0.890	0.765	0.658	0.568	0.491	0.426	0.371
0.16	1.822	1.590	1.376	1.186	1.020	0.877	0.755	0.652	0.564	0.490	0.426
0.18	2.050	1.790	1.550	1.336	1.150	0.990	0.853	0.737	0.638	0.554	0.483
0.20	2.279	1.991	1.725	1.488	1.281	1.103	0.952	0.823	0.713	0.620	0.541
0.22	2.508	2.192	1.900	1.640	1.413	1.218	1.051	0.910	0.789	0.687	0.600
0.24	2.737	2.393	2.076	1.793	1.546	1.334	1.152	0.998	0.867	0.755	0.660
0.26	2.966	2.594	2.252	1.946	1.680	1.450	1.254	1.087	0.945	0.825	0.722
0.28	3.195	2.796	2.428	2.101	1.815	1.568	1.357	1.178	1.025	0.895	0.785
0.30	3.424	2.998	2.605	2.255	1.950	1.686	1.461	1.269	1.106	0.967	0.849
0.32	3.652	3.199	2.783	2.411	2.086	1.806	1.566	1.362	1.188	1.040	0.914
0.34	3.879	3.401	2.960	2.567	2.223	1.923	1.672	1.456	1.272	1.114	0.980
0.36	4.106	3.602	3.137	2.723	2.360	2.047	1.779	1.551	1.356	1.190	1.048
0.38	4.332	3.803	3.315	2.879	2.498	2.169	1.887	1.647	1.442	1.267	1.117
0.40	4.556	4.002	3.491	3.035	2.636	2.291	1.996	1.743	1.528	1.344	1.187
0.42	4.780	4.201	3.668	3.191	2.774	2.414	2.105	1.841	1.616	1.423	1.258
0.44	5.001	4.399	3.844	3.347	2.913	2.537	2.215	1.939	1.704	1.503	1.330
0.46	5.221	4.596	4.019	3.503	3.051	2.660	2.325	2.038	1.793	1.583	1.403
0.48	5.439	4.791	4.193	3.658	3.189	2.784	2.436	2.138	1.883	1.664	1.477
0.50	5.654	4.984	4.365	3.812	3.327	2.907	2.546	2.237	1.973	1.746	1.552
0.52	5.866	5.175	4.536	3.965	3.464	3.030	2.657	2.337	2.063	1.828	1.627
0.54	6.076	5.363	4.705	4.116	3.599	3.152	2.767	2.437	2.154	1.911	1.702
0.56	6.282	5.549	4.872	4.266	3.734	3.273	2.877	2.536	2.244	1.994	1.778
0.58	6.484	5.732	5.037	4.414	3.868	3.394	2.986	2.636	2.335	2.077	1.854
0.60	6.682	5.911	5.198	4.560	3.999	3.513	3.094	2.734	2.425	2.159	1.930
0.62	6.876	6.087	5.357	4.703	4.129	3.630	3.201	2.832	2.514	2.241	2.006
0.64	7.064	6.258	5.512	4.844	4.256	3.746	3.306	2.928	2.603	2.323	2.081
0.66	7.247	6.425	5.663	4.981	4.381	3.860	3.410	3.023	2.690	2.403	2.156
0.68	7.425	6.586	5.810	5.114	4.502	3.971	3.511	3.116	2.776	2.483	2.229
0.70	7.596	6.743	5.953	5.244	4.620	4.079	3.611	3.207	2.860	2.561	2.301
0.72	7.760	6.893	6.090	5.369	4.735	4.183	3.707	3.296	2.942	2.637	2.372
0.74	7.918	7.037	6.221	5.489	4.845	4.284	3.800	3.382	3.022	2.711	2.441
0.76	8.067	7.174	6.347	5.604	4.950	4.381	3.889	3.465	3.099	2.782	2.508
0.78	8.208	7.304	6.466	5.713	5.051	4.474	3.975	3.544	3.172	2.851	2.572

ε_2 \ λ_1	1.00	1.20	1.40	1.60	1.80	2.00	2.20	2.40	2.60	2.80	3.00
0.80	8.340	7.425	6.577	5.816	5.145	4.561	4.056	3.619	3.243	2.917	2.634
0.82	8.463	7.538	6.682	5.912	5.234	4.643	4.132	3.690	3.309	2.978	2.692
0.84	8.575	7.642	6.777	6.000	5.316	4.719	4.202	3.756	3.370	3.036	2.746
0.86	8.677	7.737	6.865	6.081	5.390	4.788	4.267	3.816	3.427	3.089	2.796
0.88	8.768	7.821	6.942	6.153	5.457	4.850	4.325	3.871	3.478	3.137	2.842
0.90	8.846	7.894	7.010	6.216	5.515	4.905	4.376	3.918	3.523	3.180	2.882
0.92	8.912	7.955	7.067	6.269	5.565	4.951	4.419	3.959	3.561	3.216	2.916
0.94	8.965	8.004	7.113	6.311	5.604	4.988	4.454	3.992	3.592	3.245	2.944
0.96	9.003	8.040	7.146	6.342	5.634	5.016	4.480	4.016	3.615	3.267	2.965
0.98	9.027	8.062	7.167	6.362	5.652	5.033	4.496	4.031	3.629	3.281	2.978
1.00	9.035	8.069	7.174	6.368	5.658	5.038	4.501	4.037	3.634	3.286	2.982

ε_2 \ λ_1	3.20	3.40	3.60	3.80	4.00	4.20	4.40	4.60	4.80	5.00	5.20
0.00	0.000	0.000	0.000	0.000	0.000	0.000	0.000	0.000	0.000	0.000	0.000
0.02	0.045	0.039	0.034	0.030	0.027	0.024	0.021	0.019	0.017	0.015	0.013
0.04	0.090	0.079	0.069	0.061	0.054	0.047	0.042	0.037	0.034	0.030	0.027
0.06	0.136	0.118	0.104	0.091	0.081	0.071	0.063	0.057	0.051	0.045	0.041
0.08	0.182	0.159	0.139	0.123	0.108	0.096	0.085	0.076	0.068	0.061	0.055
0.10	0.228	0.200	0.175	0.154	0.136	0.121	0.108	0.096	0.086	0.077	0.070
0.12	0.275	0.241	0.212	0.187	0.165	0.147	0.131	0.117	0.105	0.094	0.085
0.14	0.324	0.284	0.249	0.220	0.195	0.173	0.154	0.138	0.124	0.112	0.101
0.16	0.373	0.327	0.288	0.254	0.225	0.200	0.179	0.160	0.144	0.130	0.117
0.18	0.423	0.371	0.327	0.289	0.257	0.229	0.204	0.183	0.165	0.149	0.135
0.20	0.474	0.417	0.367	0.325	0.289	0.258	0.231	0.207	0.186	0.168	0.153
0.22	0.526	0.463	0.409	0.363	0.322	0.288	0.258	0.232	0.209	0.189	0.172
0.24	0.580	0.511	0.452	0.401	0.357	0.319	0.286	0.258	0.233	0.211	0.191
0.26	0.634	0.560	0.495	0.440	0.393	0.351	0.316	0.284	0.257	0.233	0.212
0.28	0.690	0.610	0.541	0.481	0.429	0.385	0.346	0.312	0.283	0.257	0.234
0.30	0.748	0.661	0.587	0.523	0.467	0.419	0.378	0.341	0.309	0.281	0.257
0.32	0.806	0.714	0.634	0.566	0.507	0.455	0.410	0.371	0.337	0.307	0.280
0.34	0.866	0.768	0.683	0.610	0.547	0.492	0.444	0.402	0.366	0.333	0.305
0.36	0.927	0.823	0.733	0.656	0.589	0.530	0.479	0.435	0.396	0.361	0.330
0.38	0.989	0.879	0.784	0.702	0.631	0.569	0.515	0.468	0.426	0.390	0.357
0.40	1.052	0.937	0.837	0.750	0.675	0.610	0.553	0.502	0.458	0.419	0.385

ε_2 \ λ_1	3.20	3.40	3.60	3.80	4.00	4.20	4.40	4.60	4.80	5.00	5.20
0.42	1.117	0.995	0.890	0.799	0.720	0.651	0.591	0.538	0.491	0.450	0.413
0.44	1.182	1.055	0.945	0.849	0.766	0.694	0.630	0.574	0.525	0.481	0.443
0.46	1.249	1.116	1.000	0.901	0.813	0.737	0.671	0.612	0.560	0.514	0.473
0.48	1.316	1.177	1.057	0.953	0.862	0.782	0.712	0.650	0.596	0.547	0.504
0.50	1.384	1.240	1.114	1.006	0.911	0.827	0.754	0.690	0.632	0.582	0.536
0.52	1.453	1.303	1.173	1.059	0.960	0.874	0.797	0.730	0.670	0.617	0.569
0.54	1.522	1.367	1.232	1.114	1.011	0.921	0.841	0.771	0.708	0.652	0.603
0.56	1.592	1.431	1.291	1.169	1.062	0.968	0.885	0.812	0.747	0.689	0.637
0.58	1.662	1.496	1.351	1.225	1.114	1.016	0.930	0.854	0.787	0.726	0.672
0.60	1.732	1.561	1.411	1.281	1.166	1.065	0.976	0.897	0.827	0.764	0.708
0.62	1.802	1.625	1.471	1.337	1.218	1.114	1.022	0.940	0.867	0.802	0.744
0.64	1.872	1.690	1.532	1.393	1.271	1.163	1.068	0.983	0.908	0.840	0.780
0.66	1.941	1.754	1.592	1.449	1.323	1.212	1.114	1.027	0.949	0.879	0.816
0.68	2.009	1.818	1.651	1.504	1.376	1.262	1.160	1.070	0.990	0.918	0.853
0.70	2.077	1.881	1.710	1.560	1.427	1.310	1.206	1.114	1.031	0.957	0.890
0.72	2.143	1.943	1.768	1.614	1.478	1.358	1.252	1.157	1.071	0.995	0.926
0.74	2.207	2.003	1.824	1.667	1.529	1.406	1.296	1.199	1.112	1.033	0.962
0.76	2.270	2.062	1.897	1.719	1.578	1.452	1.340	1.240	1.151	1.070	0.998
0.78	2.330	2.118	1.933	1.769	1.625	1.497	1.383	1.281	1.189	1.107	1.033
0.80	2.388	2.173	1.984	1.818	1.671	1.540	1.424	1.320	1.227	1.142	1.066
0.82	2.442	2.224	2.033	1.864	1.714	1.582	1.463	1.357	1.262	1.177	1.099
0.84	2.494	2.273	2.078	1.907	1.756	1.621	1.501	1.393	1.296	1.209	1.130
0.86	2.541	2.317	2.121	1.948	1.794	1.657	1.535	1.426	1.328	1.239	1.159
0.88	2.584	2.358	2.159	1.984	1.829	1.691	1.567	1.457	1.357	1.267	1.186
0.90	2.622	2.394	2.194	2.017	1.860	1.721	1.596	1.484	1.383	1.292	1.210
0.92	2.654	2.425	2.223	2.045	1.887	1.746	1.621	1.508	1.406	1.314	1.231
0.94	2.681	2.450	2.247	2.068	1.909	1.768	1.641	1.527	1.425	1.332	1.249
0.96	2.701	2.469	2.265	2.085	1.926	1.783	1.656	1.542	1.439	1.346	1.262
0.98	2.713	2.481	2.277	2.096	1.936	1.794	1.666	1.551	1.448	1.355	1.270
1.00	2.717	2.485	2.281	2.100	1.940	1.797	1.669	1.555	1.451	1.358	1.273

ε_2 \ λ_1	5.50	6.00	6.50	7.00	7.50	8.00	8.50	9.00	9.50	10.00	10.50
0.00	0.000	0.000	0.000	0.000	0.000	0.000	0.000	0.000	0.000	0.000	0.000
0.02	0.012	0.009	0.007	0.006	0.005	0.004	0.003	0.003	0.002	0.002	0.002
0.04	0.023	0.018	0.014	0.012	0.010	0.008	0.007	0.006	0.005	0.004	0.004
0.06	0.035	0.027	0.022	0.018	0.015	0.012	0.010	0.009	0.007	0.006	0.005
0.08	0.047	0.037	0.030	0.024	0.020	0.016	0.014	0.012	0.010	0.009	0.008

ε_2 \ λ_1	5.50	6.00	6.50	7.00	7.50	8.00	8.50	9.00	9.50	10.00	10.50
0.10	0.060	0.047	0.038	0.031	0.025	0.021	0.018	0.015	0.013	0.011	0.010
0.12	0.073	0.058	0.046	0.038	0.031	0.026	0.022	0.019	0.016	0.014	0.012
0.14	0.087	0.069	0.056	0.045	0.038	0.032	0.027	0.023	0.020	0.017	0.015
0.16	0.101	0.081	0.065	0.053	0.044	0.037	0.032	0.027	0.024	0.021	0.018
0.18	0.117	0.093	0.075	0.062	0.052	0.044	0.037	0.032	0.028	0.025	0.022
0.20	0.132	0.106	0.086	0.071	0.060	0.050	0.043	0.037	0.033	0.029	0.025
0.22	0.149	0.120	0.098	0.081	0.068	0.058	0.049	0.043	0.038	0.033	0.029
0.24	0.167	0.134	0.110	0.091	0.077	0.065	0.056	0.049	0.043	0.038	0.034
0.26	0.185	0.150	0.123	0.102	0.086	0.074	0.064	0.055	0.049	0.043	0.038
0.28	0.205	0.166	0.136	0.114	0.096	0.082	0.071	0.062	0.055	0.049	0.043
0.30	0.225	0.183	0.151	0.126	0.107	0.092	0.080	0.070	0.061	0.054	0.049
0.32	0.246	0.200	0.166	0.139	0.118	0.102	0.088	0.077	0.068	0.061	0.054
0.34	0.268	0.219	0.182	0.153	0.130	0.112	0.097	0.086	0.076	0.067	0.060
0.36	0.291	0.238	0.198	0.167	0.143	0.123	0.107	0.094	0.083	0.074	0.067
0.38	0.315	0.259	0.216	0.182	0.156	0.135	0.117	0.103	0.092	0.082	0.073
0.40	0.340	0.280	0.234	0.198	0.170	0.147	0.128	0.113	0.100	0.090	0.081
0.42	0.365	0.302	0.253	0.214	0.184	0.159	0.140	0.123	0.109	0.098	0.088
0.44	0.392	0.325	0.272	0.232	0.199	0.173	0.151	0.134	0.119	0.106	0.096
0.46	0.420	0.348	0.293	0.249	0.215	0.187	0.164	0.145	0.129	0.115	0.104
0.48	0.448	0.372	0.314	0.268	0.231	0.201	0.176	0.156	0.139	0.125	0.112
0.50	0.477	0.398	0.336	0.287	0.248	0.216	0.190	0.168	0.150	0.134	0.121
0.52	0.507	0.423	0.358	0.306	0.265	0.231	0.203	0.180	0.161	0.144	0.130
0.54	0.538	0.450	0.381	0.327	0.283	0.247	0.217	0.193	0.172	0.155	0.140
0.56	0.569	0.477	0.405	0.347	0.301	0.263	0.232	0.206	0.184	0.166	0.150
0.58	0.601	0.505	0.429	0.369	0.320	0.280	0.247	0.220	0.196	0.177	0.160
0.60	0.634	0.533	0.454	0.391	0.339	0.298	0.263	0.234	0.209	0.188	0.170
0.62	0.667	0.562	0.479	0.413	0.359	0.315	0.279	0.248	0.222	0.200	0.181
0.64	0.700	0.591	0.505	0.436	0.380	0.333	0.295	0.263	0.235	0.212	0.192
0.66	0.734	0.620	0.531	0.459	0.400	0.352	0.311	0.278	0.249	0.224	0.203
0.68	0.768	0.650	0.557	0.482	0.421	0.370	0.328	0.293	0.263	0.237	0.215
0.70	0.801	0.680	0.583	0.506	0.442	0.389	0.345	0.308	0.277	0.250	0.227
0.72	0.835	0.710	0.610	0.529	0.463	0.409	0.363	0.324	0.291	0.263	0.239
0.74	0.869	0.739	0.636	0.553	0.485	0.428	0.380	0.340	0.306	0.276	0.251
0.76	0.902	0.769	0.663	0.576	0.506	0.447	0.398	0.356	0.320	0.290	0.263
0.78	0.934	0.798	0.689	0.600	0.527	0.466	0.415	0.372	0.335	0.303	0.276
0.80	0.966	0.826	0.714	0.623	0.548	0.485	0.432	0.388	0.349	0.316	0.288
0.82	0.996	0.853	0.738	0.645	0.568	0.503	0.449	0.403	0.364	0.330	0.300

ε_2 \ λ_1	5.50	6.00	6.50	7.00	7.50	8.00	8.50	9.00	9.50	10.00	10.50
0.84	1.025	0.879	0.762	0.666	0.587	0.521	0.466	0.418	0.378	0.343	0.212
0.86	1.052	0.904	0.784	0.687	0.606	0.538	0.481	0.433	0.391	0.355	0.324
0.88	1.078	0.927	0.805	0.706	0.624	0.555	0.496	0.447	0.404	0.367	0.335
0.90	1.100	0.948	0.824	0.723	0.640	0.569	0.510	0.459	0.416	0.378	0.345
0.92	1.120	0.966	0.841	0.739	0.654	0.583	0.522	0.471	0.427	0.388	0.355
0.94	1.137	0.981	0.855	0.752	0.666	0.594	0.533	0.481	0.436	0.397	0.363
0.96	1.149	0.993	0.866	0.762	0.675	0.603	0.541	0.488	0.443	0.404	0.369
0.98	1.157	1.000	0.873	0.768	0.681	0.608	0.546	0.493	0.448	0.408	0.374
1.00	1.160	1.003	0.875	0.770	0.683	0.610	0.548	0.495	0.450	0.410	0.375

ε_2 \ λ_1	11.00	12.00	13.00	14.00	15.00	17.00	19.00	21.00	23.00	25.00	28.00
0.00	0.000	0.000	0.000	0.000	0.000	0.000	0.000	0.000	0.000	0.000	0.000
0.02	0.002	0.001	0.001	0.001	0.001	0.000	0.000	0.000	0.000	0.000	0.000
0.04	0.003	0.002	0.002	0.002	0.001	0.001	0.001	0.000	0.000	0.000	0.000
0.06	0.005	0.004	0.003	0.002	0.002	0.001	0.001	0.001	0.001	0.000	0.000
0.08	0.007	0.005	0.004	0.003	0.003	0.002	0.001	0.001	0.001	0.001	0.001
0.10	0.009	0.007	0.006	0.005	0.004	0.003	0.002	0.002	0.001	0.001	0.001
0.12	0.011	0.009	0.007	0.006	0.005	0.004	0.003	0.002	0.002	0.001	0.001
0.14	0.013	0.011	0.009	0.007	0.006	0.004	0.003	0.003	0.002	0.002	0.001
0.16	0.016	0.013	0.011	0.009	0.007	0.006	0.004	0.003	0.003	0.002	0.002
0.18	0.019	0.016	0.013	0.011	0.009	0.007	0.005	0.004	0.003	0.003	0.002
0.20	0.023	0.018	0.015	0.013	0.011	0.008	0.006	0.005	0.004	0.003	0.003
0.22	0.026	0.021	0.018	0.015	0.013	0.010	0.007	0.006	0.005	0.004	0.003
0.24	0.030	0.025	0.020	0.017	0.015	0.011	0.009	0.007	0.006	0.005	0.004
0.26	0.034	0.028	0.023	0.020	0.017	0.013	0.010	0.008	0.007	0.006	0.004
0.28	0.039	0.032	0.027	0.023	0.019	0.015	0.012	0.009	0.008	0.007	0.005
0.30	0.044	0.036	0.030	0.026	0.022	0.017	0.013	0.011	0.009	0.007	0.006
0.32	0.049	0.040	0.034	0.029	0.025	0.019	0.015	0.012	0.010	0.008	0.007
0.34	0.054	0.045	0.038	0.032	0.028	0.021	0.017	0.014	0.011	0.010	0.008
0.36	0.060	0.050	0.042	0.036	0.031	0.024	0.019	0.015	0.013	0.011	0.008
0.38	0.066	0.055	0.046	0.039	0.034	0.026	0.021	0.017	0.014	0.012	0.009
0.40	0.073	0.060	0.051	0.043	0.038	0.029	0.023	0.019	0.015	0.013	0.010
0.42	0.080	0.066	0.056	0.048	0.041	0.032	0.025	0.021	0.017	0.014	0.011
0.44	0.087	0.072	0.061	0.052	0.045	0.035	0.028	0.022	0.019	0.016	0.013

ε_2 \ λ_1	11.00	12.00	13.00	14.00	15.00	17.00	19.00	21.00	23.00	25.00	28.00
0.46	0.094	0.078	0.066	0.057	0.049	0.038	0.030	0.025	0.020	0.017	0.014
0.48	0.102	0.085	0.072	0.061	0.053	0.041	0.033	0.027	0.022	0.019	0.015
0.50	0.110	0.091	0.077	0.066	0.058	0.044	0.035	0.029	0.024	0.020	0.016
0.52	0.118	0.099	0.083	0.072	0.062	0.048	0.038	0.031	0.026	0.022	0.017
0.54	0.127	0.106	0.090	0.077	0.067	0.052	0.041	0.034	0.028	0.024	0.019
0.56	0.136	0.113	0.096	0.083	0.072	0.055	0.044	0.036	0.030	0.025	0.020
0.58	0.145	0.121	0.103	0.088	0.077	0.059	0.047	0.039	0.032	0.027	0.022
0.60	0.155	0.129	0.110	0.094	0.082	0.063	0.051	0.041	0.034	0.029	0.023
0.62	0.165	0.138	0.117	0.100	0.087	0.068	0.054	0.044	0.037	0.031	0.025
0.64	0.175	0.146	0.124	0.107	0.093	0.072	0.057	0.047	0.039	0.033	0.026
0.66	0.185	0.155	0.132	0.113	0.099	0.076	0.061	0.050	0.042	0.035	0.028
0.68	0.196	0.164	0.140	0.120	0.104	0.081	0.065	0.053	0.044	0.037	0.030
0.70	0.207	0.173	0.148	0.127	0.111	0.086	0.069	0.056	0.047	0.039	0.031
0.72	0.218	0.183	0.156	0.134	0.117	0.091	0.072	0.059	0.049	0.042	0.033
0.74	0.229	0.192	0.164	0.141	0.123	0.096	0.077	0.063	0.052	0.044	0.035
0.76	0.240	0.202	0.172	0.149	0.130	0.101	0.081	0.066	0.055	0.046	0.037
0.78	0.252	0.212	0.181	0.156	0.136	0.106	0.085	0.069	0.058	0.049	0.039
0.80	0.263	0.222	0.189	0.164	0.143	0.111	0.089	0.073	0.061	0.051	0.041
0.82	0.274	0.232	0.198	0.171	0.149	0.117	0.093	0.077	0.064	0.054	0.043
0.84	0.285	0.241	0.207	0.179	0.156	0.122	0.098	0.080	0.067	0.057	0.045
0.86	0.296	0.251	0.215	0.186	0.163	0.127	0.102	0.084	0.070	0.059	0.047
0.88	0.307	0.260	0.223	0.193	0.169	0.133	0.107	0.087	0.073	0.062	0.049
0.90	0.317	0.269	0.231	0.200	0.175	0.138	0.111	0.091	0.076	0.065	0.052
0.92	0.325	0.277	0.238	0.207	0.181	0.142	0.115	0.094	0.079	0.067	0.054
0.94	0.333	0.283	0.244	0.212	0.186	0.147	0.118	0.098	0.082	0.070	0.056
0.96	0.339	0.289	0.249	0.217	0.191	0.150	0.122	0.100	0.084	0.072	0.057
0.98	0.343	0.293	0.253	0.220	0.193	0.153	0.124	0.102	0.086	0.073	0.059
1.00	0.345	0.294	0.254	0.221	0.195	0.154	0.125	0.103	0.087	0.074	0.059

3.2.61 墙肢轴力顶部集中水平荷载 $(N/\varepsilon_3) \times 10^{-2}$ 值表

表 3-61　　　　墙肢轴力顶部集中水平荷载 $(N/\varepsilon_3) \times 10^{-2}$ 值表

ε_3 \ λ_1	1.00	1.20	1.40	1.60	1.80	2.00	2.20	2.40	2.60	2.80	3.00
0.00	0.000	0.000	0.000	0.000	0.000	0.000	0.000	0.000	0.000	0.000	0.000
0.02	0.704	0.622	0.546	0.478	0.419	0.367	0.323	0.285	0.252	0.224	0.200
0.04	1.407	1.243	1.091	0.956	0.837	0.734	0.645	0.569	0.504	0.448	0.400

ε_3 \ λ_1	1.00	1.20	1.40	1.60	1.80	2.00	2.20	2.40	2.60	2.80	3.00
0.06	2.109	1.863	1.636	1.433	1.255	1.100	0.967	0.854	0.756	0.672	0.600
0.08	2.810	2.483	2.180	1.909	1.672	1.466	1.289	1.137	1.007	0.896	0.800
0.10	3.509	3.100	2.722	2.384	2.088	1.831	1.610	1.421	1.258	1.119	0.999
0.12	4.205	3.715	3.263	2.858	2.503	2.195	1.930	1.703	1.509	1.342	1.198
0.14	4.898	4.327	3.801	3.329	2.916	2.557	2.249	1.985	1.758	1.564	1.396
0.16	5.587	4.937	4.336	3.799	3.327	2.919	2.567	2.266	2.007	1.785	1.594
0.18	6.272	5.543	4.869	4.265	3.736	3.278	2.883	2.545	2.255	2.006	1.792
0.20	6.952	6.144	5.398	4.729	4.143	3.635	3.198	2.823	2.502	2.225	1.988
0.22	7.628	6.742	5.923	5.190	4.547	3.990	3.511	3.100	2.747	2.444	2.184
0.24	8.297	7.334	6.444	5.648	4.949	4.343	3.822	3.375	2.991	2.662	2.378
0.26	8.960	7.921	6.961	6.101	5.347	4.693	4.131	3.648	3.234	2.878	2.572
0.28	9.616	8.502	7.473	6.551	5.742	5.041	4.437	3.919	3.475	3.093	2.764
0.30	10.265	9.077	7.979	6.996	6.133	5.385	4.741	4.188	3.714	3.306	2.956
0.32	10.907	9.645	8.479	7.436	6.520	5.725	5.042	4.455	3.951	3.518	3.146
0.34	11.539	10.206	8.974	7.870	6.902	6.062	5.339	4.719	4.186	3.728	3.334
0.36	12.163	10.759	9.462	8.300	7.280	6.396	5.634	4.980	4.419	3.936	3.521
0.38	12.777	11.304	9.943	8.723	7.653	6.725	5.925	5.238	4.649	4.142	3.706
0.40	13.381	11.841	10.416	9.140	8.021	7.049	6.212	5.494	4.877	4.346	3.889
0.42	13.974	12.368	10.882	9.551	8.383	7.369	6.496	5.746	5.102	4.548	4.070
0.44	14.557	12.885	11.339	9.954	8.739	7.684	6.775	5.994	5.323	4.747	4.249
0.46	15.127	13.392	11.788	10.351	9.088	7.993	7.050	6.239	5.542	4.943	4.426
0.48	15.685	13.889	12.227	10.739	9.432	8.297	7.320	6.479	5.757	5.136	4.601
0.50	16.230	14.374	12.657	11.119	9.768	8.595	7.585	6.716	5.969	5.326	4.772
0.52	16.762	14.848	13.077	11.490	10.097	8.887	7.844	6.947	6.177	5.513	4.941
0.54	17.279	15.309	13.486	11.853	10.418	9.172	8.098	7.174	6.380	5.697	5.107
0.56	17.782	15.758	13.885	12.206	10.731	9.451	8.346	7.396	6.580	5.876	5.270
0.58	18.270	16.193	14.271	12.549	11.036	9.721	8.588	7.613	6.774	6.052	5.429
0.60	18.741	16.614	14.646	12.882	11.331	9.985	8.823	7.824	6.964	6.224	5.584
0.62	19.197	17.021	15.008	13.204	11.618	10.240	9.051	8.029	7.149	6.391	5.736
0.64	19.635	17.413	15.358	13.514	11.894	10.487	9.272	8.227	7.328	6.553	5.883
0.66	20.055	17.790	15.693	13.813	12.161	10.725	9.486	8.419	7.501	6.710	6.026
0.68	20.457	18.150	16.015	14.100	12.416	10.954	9.691	8.604	7.669	6.862	6.165
0.70	20.840	18.493	16.322	14.374	12.661	11.173	9.888	8.782	7.829	7.008	6.298
0.72	21.203	18.819	16.613	14.634	12.894	11.382	10.076	8.952	7.983	7.148	6.426
0.74	21.546	19.128	16.889	14.881	13.115	11.580	10.255	9.113	8.130	7.282	6.549
0.76	21.868	19.417	17.149	15.113	13.323	11.768	10.424	9.266	8.269	7.409	6.665
0.78	22.168	19.688	17.391	15.331	13.519	11.943	10.583	9.410	8.400	7.529	6.775

ε_3 \ λ_1	1.00	1.20	1.40	1.60	1.80	2.00	2.20	2.40	2.60	2.80	3.00
0.80	22.446	19.938	17.616	15.533	13.700	12.107	10.731	9.545	8.523	7.641	6.878
0.82	22.701	20.168	17.823	15.719	13.868	12.258	10.868	9.669	8.636	7.745	6.974
0.84	22.932	20.377	18.011	15.888	14.020	12.396	10.993	9.783	8.741	7.841	7.062
0.86	23.139	20.564	18.179	16.040	14.157	12.520	11.105	9.886	8.835	7.927	7.142
0.88	23.320	20.728	18.328	16.174	14.278	12.630	11.205	9.977	8.919	8.005	7.213
0.90	23.476	20.869	18.455	16.289	14.383	12.725	11.292	10.056	8.991	8.072	7.275
0.92	23.605	20.987	18.561	16.385	14.469	12.804	11.364	10.122	9.052	8.128	7.328
0.94	23.707	21.079	18.645	16.461	14.538	12.866	11.421	10.175	9.101	8.173	7.369
0.96	23.781	21.146	18.706	16.516	14.588	12.912	11.463	10.214	9.136	8.206	7.400
0.98	23.825	21.187	18.743	16.549	14.619	12.940	11.489	10.237	9.158	8.226	7.419
1.00	23.841	21.201	18.755	16.561	14.630	12.950	11.498	10.245	9.166	8.233	7.426

ε_3 \ λ_1	3.20	3.40	3.60	3.80	4.00	4.20	4.40	4.60	4.80	5.00	5.20
0.00	0.000	0.000	0.000	0.000	0.000	0.000	0.000	0.000	0.000	0.000	0.000
0.02	0.179	0.161	0.146	0.132	0.120	0.110	0.101	0.093	0.085	0.079	0.073
0.04	0.359	0.323	0.292	0.265	0.241	0.220	0.202	0.185	0.171	0.158	0.146
0.06	0.538	0.484	0.437	0.397	0.361	0.330	0.302	0.278	0.256	0.237	0.219
0.08	0.717	0.645	0.583	0.529	0.481	0.440	0.403	0.370	0.341	0.316	0.292
0.10	0.896	0.806	0.729	0.661	0.601	0.549	0.503	0.463	0.427	0.394	0.366
0.12	1.074	0.967	0.874	0.793	0.721	0.659	0.604	0.555	0.512	0.473	0.436
0.14	1.252	1.127	1.019	0.924	0.841	0.768	0.704	0.647	0.597	0.552	0.512
0.16	1.430	1.287	1.163	1.055	0.961	0.878	0.804	0.740	0.682	0.630	0.584
0.18	1.607	1.447	1.308	1.186	1.080	0.987	0.904	0.832	0.767	0.709	0.657
0.20	1.783	1.606	1.451	1.317	1.199	1.096	1.004	0.923	0.851	0.787	0.730
0.22	1.959	1.764	1.595	1.447	1.318	1.204	1.104	1.015	0.936	0.866	0.803
0.24	2.134	1.922	1.738	1.577	1.436	1.312	1.203	1.106	1.020	0.944	0.875
0.26	2.308	2.079	1.880	1.706	1.554	1.420	1.302	1.198	1.105	1.022	0.947
0.28	2.481	2.235	2.021	1.835	1.672	1.528	1.401	1.289	1.189	1.099	1.020
0.30	2.653	2.391	2.162	1.963	1.789	1.635	1.499	1.379	1.272	1.177	1.092
0.32	2.824	2.545	2.302	2.091	1.905	1.742	1.598	1.470	1.356	1.254	1.163
0.34	2.994	2.698	2.442	2.217	2.021	1.848	1.695	1.560	1.439	1.331	1.235
0.36	3.162	2.851	2.580	2.343	2.136	1.953	1.792	1.649	1.522	1.408	1.306
0.38	3.329	3.002	2.717	2.469	2.50	2.058	1.889	1.738	1.604	1.485	1.378
0.40	3.494	3.152	2.853	2.593	2.364	2.163	1.985	1.827	1.686	1.561	1.448

ε_3 \ λ_1	3.20	3.40	3.60	3.80	4.00	4.20	4.40	4.60	4.80	5.00	5.20
0.42	3.658	3.300	2.988	2.716	2.477	2.266	2.080	1.915	1.768	1.637	1.519
0.44	3.820	3.447	3.122	2.838	2.589	2.369	2.175	2.003	1.849	1.712	1.589
0.46	3.979	3.592	3.254	2.959	2.699	2.471	2.269	2.089	1.930	1.787	1.659
0.48	4.137	3.735	3.385	3.078	2.809	2.572	2.362	2.176	2.010	1.861	1.728
0.50	4.293	3.876	3.514	3.196	2.917	2.672	2.454	2.261	2.089	1.935	1.797
0.52	4.446	4.016	3.641	3.313	3.025	2.770	2.545	2.345	2.167	2.008	1.865
0.54	4.596	4.153	3.766	3.428	3.130	2.868	2.636	2.429	2.245	2.080	1.932
0.56	4.744	4.288	3.889	3.541	3.234	2.964	2.724	2.512	2.322	2.152	1.999
0.58	4.889	4.420	4.010	3.652	3.337	3.059	2.812	2.593	2.397	2.222	2.065
0.60	5.030	4.549	4.129	3.761	3.437	3.151	2.898	2.673	2.472	2.292	2.130
0.62	5.169	4.675	4.245	3.868	3.536	3.243	2.983	2.752	2.545	2.361	2.194
0.64	5.303	4.799	4.358	3.972	3.632	3.332	3.066	2.829	2.618	2.428	2.258
0.66	5.434	4.918	4.468	4.074	3.726	3.419	3.147	2.905	2.688	2.494	2.320
0.68	5.560	5.035	4.575	4.172	3.818	3.504	3.226	2.978	2.757	2.559	2.380
0.70	5.683	5.147	4.679	4.268	3.906	3.587	3.303	3.050	2.824	2.622	2.439
0.72	5.800	5.255	4.778	4.360	3.992	3.666	3.377	3.120	2.889	2.683	2.497
0.74	5.912	5.358	4.874	4.449	4.074	3.743	3.449	3.187	2.952	2.742	2.553
0.76	6.019	5.457	4.965	4.534	4.153	3.817	3.518	3.251	3.013	2.799	2.607
0.78	6.121	5.550	5.052	4.614	4.228	3.887	3.584	3.313	3.071	2.854	2.658
0.80	6.216	5.638	5.134	4.690	4.299	3.953	3.646	3.372	3.126	2.906	2.707
0.82	6.304	5.721	5.210	4.761	4.366	4.016	3.704	3.427	3.178	2.955	2.754
0.84	6.386	5.796	5.280	4.827	4.427	4.073	3.759	3.478	3.226	3.001	2.797
0.86	6.460	5.865	5.345	4.887	4.484	4.126	3.809	3.525	3.271	3.043	2.837
0.88	6.526	5.927	5.402	4.941	4.534	4.174	3.853	3.567	3.311	3.081	2.873
0.90	6.584	5.981	5.452	4.988	4.579	4.216	3.893	3.605	3.347	3.115	2.906
0.92	6.632	6.026	5.495	5.028	4.616	4.252	3.927	3.637	3.377	3.144	2.933
0.94	6.671	6.063	5.529	5.061	4.647	4.280	3.954	3.663	3.402	3.167	2.956
0.96	6.700	6.089	5.555	5.085	4.670	4.302	3.975	3.682	3.421	3.185	2.973
0.98	6.718	6.106	5.570	5.099	4.684	4.315	3.987	3.685	3.432	3.196	2.983
1.00	6.724	6.112	5.576	5.105	4.689	4.320	3.992	3.699	3.436	3.200	2.987

ε_3 \ λ_1	5.50	6.00	6.50	7.00	7.50	8.00	8.50	9.00	9.50	10.00	10.50
0.00	0.000	0.000	0.000	0.000	0.000	0.000	0.000	0.000	0.000	0.000	0.000
0.02	0.066	0.055	0.047	0.041	0.036	0.031	0.028	0.025	0.022	0.020	0.018
0.04	0.131	0.111	0.094	0.081	0.071	0.062	0.055	0.049	0.044	0.040	0.036
0.06	0.197	0.166	0.142	0.122	0.107	0.094	0.083	0.074	0.066	0.060	0.054
0.08	0.262	0.221	0.189	0.163	0.142	0.125	0.111	0.099	0.089	0.080	0.073

ε₃ \ λ₁	5.50	6.00	6.50	7.00	7.50	8.00	8.50	9.00	9.50	10.00	10.50
0.10	0.328	0.276	0.236	0.204	0.178	0.156	0.138	0.123	0.111	0.100	0.091
0.12	0.393	0.332	0.283	0.244	0.213	0.187	0.166	0.148	0.133	0.120	0.109
0.14	0.459	0.387	0.330	0.285	0.249	0.219	0.194	0.173	0.155	0.140	0.127
0.16	0.524	0.442	0.377	0.326	0.284	0.250	0.221	0.197	0.177	0.160	0.145
0.18	0.589	0.497	0.424	0.366	0.320	0.281	0.249	0.222	0.199	0.180	0.163
0.20	0.655	0.552	0.472	0.407	0.355	0.312	0.277	0.247	0.222	0.200	0.181
0.22	0.720	0.607	0.519	0.448	0.390	0.343	0.304	0.271	0.244	0.220	0.200
0.24	0.785	0.662	0.566	0.488	0.426	0.375	0.332	0.296	0.266	0.240	0.218
0.26	0.850	0.717	0.613	0.529	0.461	0.406	0.360	0.321	0.288	0.260	0.236
0.28	0.915	0.772	0.659	0.570	0.497	0.437	0.387	0.345	0.310	0.280	0.254
0.30	0.979	0.827	0.706	0.610	0.532	0.468	0.415	0.370	0.332	0.300	0.272
0.32	1.044	0.881	0.753	0.651	0.567	0.499	0.442	0.395	0.354	0.320	0.290
0.34	1.108	0.936	0.800	0.691	0.603	0.530	0.470	0.419	0.377	0.340	0.308
0.36	1.173	0.990	0.846	0.731	0.638	0.561	0.498	0.444	0.399	0.360	0.326
0.38	1.237	1.044	0.893	0.772	0.673	0.592	0.525	0.469	0.421	0.380	0.345
0.40	1.300	1.099	0.939	0.812	0.708	0.623	0.553	0.493	0.443	0.400	0.363
0.42	1.364	1.152	0.986	0.852	0.744	0.654	0.580	0.518	0.465	0.420	0.381
0.44	1.427	1.206	1.032	0.892	0.779	0.685	0.608	0.542	0.487	0.440	0.399
0.46	1.490	1.260	1.078	0.932	0.814	0.716	0.635	0.567	0.509	0.460	0.417
0.48	1.553	1.313	1.124	0.972	0.849	0.747	0.662	0.591	0.531	0.479	0.435
0.50	1.615	1.366	1.169	1.012	0.883	0.778	0.690	0.616	0.553	0.499	0.453
0.52	1.676	1.419	1.215	1.051	0.918	0.808	0.717	0.640	0.575	0.519	0.471
0.54	1.737	1.471	1.260	1.090	0.952	0.839	0.744	0.664	0.597	0.539	0.489
0.56	1.798	1.523	1.305	1.129	0.987	0.869	0.771	0.689	0.619	0.559	0.507
0.58	1.858	1.574	1.349	1.168	1.021	0.899	0.798	0.713	0.641	0.579	0.525
0.60	1.917	1.625	1.393	1.207	1.055	0.930	0.825	0.737	0.662	0.598	0.543
0.62	1.975	1.675	1.437	1.245	1.089	0.959	0.852	0.761	0.684	0.618	0.561
0.64	2.033	1.724	1.480	1.283	1.122	0.989	0.878	0.785	0.705	0.637	0.579
0.66	2.089	1.773	1.522	1.320	1.155	1.018	0.904	0.808	0.727	0.657	0.596
0.68	2.145	1.821	1.564	1.357	1.187	1.047	0.930	0.832	0.748	0.676	0.614
0.70	2.199	1.868	1.605	1.393	1.219	1.076	0.956	0.855	0.769	0.695	0.631
0.72	2.251	1.914	1.645	1.428	1.251	1.104	0.981	0.878	0.790	0.714	0.648
0.74	2.302	1.958	1.684	1.463	1.282	1.132	1.006	0.900	0.810	0.733	0.666
0.76	2.352	2.001	1.722	1.497	1.312	1.159	1.031	0.922	0.830	0.751	0.682
0.78	2.399	2.043	1.759	1.529	1.341	1.185	1.054	0.944	0.850	0.769	0.699
0.80	2.445	2.083	1.794	1.561	1.369	1.211	1.078	0.965	0.869	0.786	0.715
0.82	2.487	2.121	1.828	1.591	1.396	1.235	1.100	0.985	0.887	0.803	0.731

ε_3 \ λ_1	5.50	6.00	6.50	7.00	7.50	8.00	8.50	9.00	9.50	10.00	10.50
0.84	2.528	2.156	1.859	1.619	1.422	1.258	1.121	1.005	0.905	0.820	0.746
0.86	2.565	2.189	1.889	1.646	1.446	1.280	1.141	1.023	0.922	0.835	0.760
0.88	2.598	2.219	1.916	1.670	1.468	1.300	1.159	1.040	0.938	0.850	0.774
0.90	2.628	2.246	1.940	1.692	1.488	1.318	1.176	1.055	0.952	0.863	0.786
0.92	2.654	2.269	1.961	1.711	1.505	1.335	1.191	1.069	0.965	0.875	0.797
0.94	2.675	2.288	1.978	1.727	1.520	1.348	1.203	1.081	0.976	0.885	0.807
0.96	2.691	2.302	1.991	1.739	1.531	1.358	1.213	1.089	0.984	0.893	0.814
0.98	2.701	2.312	2.000	1.747	1.538	1.365	1.219	1.095	0.989	0.898	0.819
1.00	2.705	2.315	2.003	1.749	1.541	1.367	1.221	1.097	0.991	0.900	0.821

ε_3 \ λ_1	11.00	12.00	13.00	14.00	15.00	17.00	19.00	21.00	23.00	25.00	28.00
0.00	0.000	0.000	0.000	0.000	0.000	0.000	0.000	0.000	0.000	0.000	0.000
0.02	0.017	0.014	0.012	0.010	0.009	0.007	0.006	0.005	0.004	0.003	0.003
0.04	0.033	0.028	0.024	0.020	0.018	0.014	0.011	0.009	0.008	0.006	0.005
0.06	0.050	0.042	0.036	0.031	0.027	0.021	0.017	0.014	0.011	0.010	0.008
0.08	0.066	0.056	0.047	0.041	0.036	0.028	0.022	0.018	0.015	0.013	0.010
0.10	0.083	0.069	0.059	0.051	0.044	0.035	0.028	0.023	0.019	0.016	0.013
0.12	0.099	0.083	0.071	0.061	0.053	0.042	0.033	0.027	0.023	0.019	0.015
0.14	0.116	0.097	0.083	0.071	0.062	0.048	0.039	0.032	0.026	0.022	0.018
0.16	0.132	0.111	0.095	0.082	0.071	0.055	0.044	0.036	0.030	0.026	0.020
0.18	0.149	0.125	0.107	0.092	0.080	0.062	0.050	0.041	0.034	0.029	0.023
0.20	0.165	0.139	0.118	0.102	0.089	0.069	0.055	0.045	0.038	0.032	0.026
0.22	0.182	0.153	0.130	0.112	0.098	0.076	0.061	0.050	0.042	0.035	0.028
0.24	0.198	0.167	0.142	0.122	0.107	0.083	0.066	0.054	0.045	0.038	0.031
0.26	0.215	0.181	0.154	0.133	0.116	0.090	0.072	0.059	0.049	0.042	0.033
0.28	0.231	0.194	0.166	0.143	0.124	0.097	0.078	0.063	0.053	0.045	0.036
0.30	0.248	0.208	0.178	0.153	0.133	0.104	0.083	0.068	0.057	0.048	0.038
0.32	0.264	0.222	0.189	0.163	0.142	0.111	0.089	0.073	0.060	0.051	0.041
0.34	0.281	0.236	0.201	0.173	0.151	0.118	0.094	0.077	0.064	0.054	0.043
0.36	0.297	0.250	0.213	0.184	0.160	0.125	0.100	0.082	0.068	0.058	0.046
0.38	0.314	0.264	0.225	0.194	0.169	0.131	0.105	0.086	0.072	0.061	0.048
0.40	0.330	0.278	0.237	0.204	0.178	0.138	0.111	0.091	0.076	0.064	0.051
0.42	0.347	0.292	0.248	0.214	0.187	0.145	0.116	0.095	0.079	0.067	0.054
0.44	0.363	0.305	0.260	0.224	0.196	0.152	0.122	0.100	0.083	0.070	0.056
0.46	0.380	0.319	0.272	0.235	0.204	0.159	0.127	0.104	0.087	0.074	0.059
0.48	0.396	0.333	0.284	0.245	0.213	0.166	0.133	0.109	0.091	0.077	0.061
0.50	0.413	0.347	0.296	0.255	0.222	0.173	0.139	0.113	0.095	0.080	0.064

λ₁ / ε₃	11.00	12.00	13.00	14.00	15.00	17.00	19.00	21.00	23.00	25.00	28.00
0.52	0.429	0.361	0.308	0.265	0.231	0.180	0.144	0.118	0.098	0.083	0.066
0.54	0.446	0.375	0.319	0.275	0.240	0.187	0.150	0.122	0.102	0.086	0.069
0.56	0.462	0.389	0.331	0.286	0.249	0.194	0.155	0.127	0.106	0.090	0.071
0.58	0.479	0.402	0.343	0.296	0.258	0.201	0.161	0.132	0.110	0.093	0.074
0.60	0.495	0.416	0.355	0.306	0.267	0.208	0.166	0.136	0.113	0.096	0.077
0.62	0.511	0.430	0.367	0.316	0.275	0.215	0.172	0.141	0.117	0.099	0.079
0.64	0.527	0.444	0.378	0.326	0.284	0.221	0.177	0.145	0.121	0.102	0.082
0.66	0.544	0.457	0.390	0.336	0.293	0.228	0.183	0.150	0.125	0.106	0.084
0.68	0.560	0.471	0.402	0.347	0.302	0.235	0.188	0.154	0.129	0.109	0.087
0.70	0.576	0.485	0.413	0.357	0.311	0.242	0.194	0.159	0.132	0.112	0.089
0.72	0.592	0.498	0.425	0.367	0.320	0.249	0.199	0.163	0.136	0.115	0.092
0.74	0.607	0.511	0.436	0.377	0.328	0.256	0.205	0.168	0.140	0.118	0.094
0.76	0.623	0.525	0.448	0.386	0.337	0.263	0.210	0.172	0.144	0.122	0.097
0.78	0.638	0.538	0.459	0.396	0.346	0.269	0.216	0.177	0.147	0.125	0.099
0.80	0.653	0.550	0.470	0.406	0.354	0.276	0.221	0.181	0.151	0.128	0.102
0.82	0.667	0.563	0.481	0.415	0.362	0.283	0.227	0.186	0.155	0.131	0.105
0.84	0.681	0.575	0.491	0.425	0.371	0.289	0.232	0.190	0.159	0.134	0.107
0.86	0.695	0.586	0.502	0.434	0.379	0.296	0.237	0.194	0.162	0.137	0.110
0.88	0.707	0.597	0.511	0.442	0.386	0.302	0.242	0.199	0.166	0.140	0.112
0.90	0.719	0.608	0.520	0.450	0.393	0.308	0.247	0.203	0.169	0.143	0.115
0.92	0.729	0.617	0.528	0.457	0.400	0.313	0.252	0.207	0.173	0.146	0.117
0.94	0.738	0.625	0.535	0.464	0.406	0.318	0.256	0.210	0.176	0.149	0.119
0.96	0.745	0.631	0.541	0.469	0.410	0.322	0.259	0.213	0.178	0.151	0.121
0.98	0.750	0.635	0.545	0.472	0.414	0.325	0.261	0.215	0.180	0.153	0.122
1.00	0.751	0.637	0.546	0.474	0.415	0.326	0.262	0.216	0.181	0.154	0.123

3.2.62 连梁剪力倒三角形荷载 $(V_b/\varepsilon_4)\times10^{-2}$ 值表

表 3-62 连梁剪力倒三角形荷载 $(V_b/\varepsilon_4)\times10^{-2}$ 值表

λ₁ / ε₄	1.00	1.20	1.40	1.60	1.80	2.00	2.20	2.40	2.60	2.80	3.00
0.00	8.562	7.476	6.476	5.585	4.808	4.139	3.568	3.082	2.669	2.319	2.022
0.02	8.564	7.478	6.479	5.588	4.811	4.142	3.571	3.085	2.673	2.323	2.025
0.04	8.568	7.484	6.485	5.596	4.819	4.151	3.581	3.095	2.683	2.333	2.035
0.06	8.574	7.492	6.496	5.607	4.833	4.165	3.595	3.110	2.698	2.349	2.051
0.08	8.581	7.502	6.509	5.623	4.850	4.184	3.615	3.131	2.719	2.369	2.072

ε_4 \ λ_1	1.00	1.20	1.40	1.60	1.80	2.00	2.20	2.40	2.60	2.80	3.00
0.10	8.589	7.514	6.524	5.641	4.870	4.206	3.638	3.155	2.744	2.394	2.097
0.12	8.596	7.526	6.540	5.661	4.893	4.231	3.665	3.183	2.772	2.423	2.126
0.14	8.602	7.538	6.557	5.682	4.917	4.258	3.694	3.213	2.804	2.455	2.158
0.16	8.606	7.549	6.574	5.704	4.943	4.287	3.725	3.246	2.838	2.490	2.193
0.18	8.608	7.558	6.590	5.725	4.969	4.317	3.758	3.280	2.873	2.526	2.229
0.20	8.607	7.565	6.605	5.746	4.996	4.347	3.791	3.316	2.910	2.564	2.268
0.22	8.602	7.570	6.617	5.766	5.021	4.377	3.824	3.351	2.948	2.602	2.307
0.24	8.593	7.571	6.627	5.784	5.045	4.406	3.857	3.387	2.985	2.641	2.346
0.26	8.578	7.568	6.634	5.799	5.067	4.434	3.889	3.422	3.023	2.680	2.386
0.28	8.558	7.560	6.637	5.811	5.087	4.459	3.919	3.456	3.059	2.718	2.425
0.30	8.532	7.547	6.636	5.820	5.104	4.483	3.948	3.488	3.094	2.755	2.463
0.32	8.499	7.528	6.629	5.824	5.117	4.503	3.974	3.518	3.127	2.791	2.500
0.34	8.459	7.503	6.617	5.824	5.126	4.520	3.996	3.546	3.158	2.824	2.535
0.36	8.411	7.470	6.599	5.818	5.130	4.532	4.016	3.570	3.186	2.855	2.568
0.38	8.354	7.430	6.575	5.806	5.129	4.540	4.031	3.591	3.211	2.883	2.599
0.40	8.288	7.383	6.543	5.788	5.123	4.543	4.041	3.608	3.233	2.908	2.626
0.42	8.213	7.326	6.503	5.763	5.110	4.541	4.047	3.620	3.250	2.929	2.650
0.44	8.128	7.261	6.456	5.731	5.091	4.532	4.047	3.627	3.263	2.946	2.671
0.46	8.032	7.186	6.399	5.691	5.065	4.517	4.042	3.629	3.271	2.959	2.687
0.48	7.926	7.101	6.334	5.642	5.031	4.495	4.030	3.625	3.273	2.967	2.699
0.50	7.808	7.005	6.258	5.585	4.989	4.466	4.011	3.615	3.270	2.969	2.706
0.52	7.678	6.899	6.173	5.518	4.938	4.429	3.985	3.598	3.261	2.966	2.707
0.54	7.536	6.781	6.077	5.442	4.878	4.384	3.951	3.574	3.245	2.957	2.703
0.56	7.381	6.651	5.971	5.355	4.809	4.329	3.909	3.543	3.222	2.941	2.693
0.58	7.213	6.509	5.852	5.258	4.730	4.266	3.859	3.503	3.192	2.918	2.677
0.60	7.031	6.354	5.722	5.150	4.641	4.193	3.800	3.456	3.154	2.888	2.654
0.62	6.836	6.186	5.580	5.030	4.541	4.110	3.731	3.399	3.107	2.850	2.623
0.64	6.626	6.005	5.425	4.899	4.430	4.016	3.652	3.333	3.052	2.804	2.585
0.66	6.401	5.809	5.256	4.754	4.307	3.911	3.563	3.257	2.988	2.750	2.539
0.68	6.161	5.599	5.074	4.597	4.172	3.795	3.463	3.171	2.914	2.686	2.484
0.70	5.905	5.375	4.879	4.427	4.024	3.667	3.352	3.075	2.830	2.613	2.420
0.72	5.634	5.135	4.668	4.243	3.863	3.527	3.230	2.967	2.735	2.530	2.347

ε_4 \ λ_1	1.00	1.20	1.40	1.60	1.80	2.00	2.20	2.40	2.60	2.80	3.00
0.74	5.347	4.880	4.443	4.045	3.689	3.374	3.095	2.848	2.630	2.436	2.263
0.76	5.043	4.609	4.203	3.833	3.502	3.207	2.947	2.717	2.513	2.331	2.169
0.78	4.722	4.322	3.947	3.606	3.299	3.027	2.786	2.573	2.384	2.215	2.064
0.80	4.384	4.019	3.676	3.363	3.082	2.833	2.612	2.416	2.242	2.087	1.948
0.82	4.029	3.698	3.388	3.104	2.850	2.624	2.423	2.245	2.087	1.946	1.819
0.84	3.656	3.360	3.083	2.830	2.602	2.400	2.220	2.060	1.918	1.792	1.678
0.86	3.265	3.005	2.761	2.539	2.338	2.160	2.002	1.861	1.736	1.623	1.523
0.88	2.855	2.632	2.422	2.230	2.058	1.904	1.768	1.646	1.538	1.441	1.354
0.90	2.427	2.241	2.065	1.905	1.760	1.632	1.517	1.415	1.324	1.243	1.170
0.92	1.980	1.831	1.690	1.561	1.445	1.342	1.250	1.168	1.095	1.029	0.970
0.94	1.515	1.402	1.296	1.199	1.112	1.034	0.965	0.903	0.848	0.799	0.755
0.96	1.029	0.954	0.883	0.819	0.761	0.709	0.662	0.621	0.584	0.551	0.521
0.98	0.525	0.487	0.452	0.419	0.390	0.364	0.341	0.320	0.302	0.285	0.270
1.00	0.000	0.000	0.000	0.000	0.000	0.000	0.000	0.000	0.000	0.000	0.000

ε_4 \ λ_1	3.20	3.40	3.60	3.80	4.00	4.20	4.40	4.60	4.80	5.00	5.20
0.00	1.768	1.552	1.367	1.208	1.071	0.952	0.850	0.761	0.683	0.615	0.555
0.02	1.772	1.555	1.370	1.211	1.074	0.956	0.853	0.764	0.686	0.618	0.558
0.04	1.782	1.565	1.380	1.221	1.083	0.965	0.862	0.773	0.695	0.626	0.566
0.06	1.797	1.581	1.395	1.236	1.098	0.979	0.876	0.786	0.708	0.639	0.579
0.08	1.818	1.601	1.415	1.255	1.118	0.998	0.895	0.804	0.726	0.657	0.596
0.10	1.843	1.626	1.440	1.279	1.141	1.021	0.917	0.826	0.747	0.677	0.616
0.12	1.872	1.655	1.468	1.307	1.168	1.048	0.943	0.851	0.771	0.701	0.639
0.14	1.904	1.686	1.499	1.338	1.198	1.077	0.971	0.879	0.798	0.727	0.664
0.16	1.939	1.721	1.533	1.371	1.231	1.109	1.002	0.909	0.827	0.755	0.691
0.18	1.975	1.757	1.569	1.406	1.265	1.142	1.035	0.941	0.858	0.785	0.720
0.20	2.013	1.795	1.606	1.443	1.301	1.177	1.069	0.974	0.890	0.816	0.750
0.22	2.053	1.834	1.645	1.481	1.338	1.214	1.104	1.008	0.923	0.848	0.781
0.24	2.093	1.874	1.684	1.520	1.376	1.251	1.140	1.043	0.957	0.881	0.813
0.26	2.133	1.914	1.724	1.559	1.414	1.288	1.177	1.078	0.991	0.914	0.845
0.28	2.172	1.953	1.763	1.598	1.453	1.325	1.213	1.114	1.026	0.947	0.877
0.30	2.211	1.992	1.802	1.636	1.491	1.362	1.249	1.149	1.060	0.980	0.909

ε_4 \ λ_1	3.20	3.40	3.60	3.80	4.00	4.20	4.40	4.60	4.80	5.00	5.20
0.32	2.249	2.031	1.840	1.674	1.528	1.399	1.285	1.184	1.093	1.013	0.940
0.34	2.285	2.067	1.877	1.711	1.564	1.435	1.320	1.218	1.126	1.045	0.971
0.36	2.319	2.103	1.913	1.746	1.599	1.469	1.354	1.251	1.158	1.076	1.001
0.38	2.351	2.135	1.946	1.780	1.632	1.502	1.386	1.282	1.189	1.106	1.031
0.40	2.381	2.166	1.977	1.811	1.664	1.533	1.417	1.313	1.219	1.135	1.059
0.42	2.407	2.194	2.006	1.840	1.693	1.563	1.446	1.341	1.247	1.162	1.085
0.44	2.430	2.218	2.032	1.867	1.720	1.590	1.473	1.368	1.273	1.188	1.110
0.46	2.449	2.239	2.054	1.891	1.745	1.614	1.498	1.392	1.298	1.212	1.134
0.48	2.464	2.257	2.074	1.911	1.766	1.636	1.520	1.415	1.320	1.234	1.155
0.50	2.474	2.270	2.089	1.928	1.784	1.655	1.539	1.434	1.339	1.253	1.175
0.52	2.480	2.279	2.100	1.941	1.798	1.670	1.555	1.451	1.356	1.270	1.192
0.54	2.480	2.282	2.107	1.950	1.809	1.682	1.568	1.464	1.370	1.285	1.206
0.56	2.475	2.281	2.108	1.954	1.815	1.690	1.577	1.475	1.381	1.296	1.218
0.58	2.464	2.274	2.105	1.953	1.817	1.694	1.582	1.481	1.389	1.305	1.227
0.60	2.446	2.261	2.096	1.947	1.814	1.693	1.584	1.484	1.393	1.309	1.233
0.62	2.422	2.242	2.081	1.936	1.806	1.687	1.580	1.482	1.393	1.311	1.235
0.64	2.390	2.216	2.060	1.919	1.792	1.677	1.572	1.476	1.388	1.308	1.234
0.66	2.351	2.183	2.032	1.895	1.772	1.660	1.558	1.465	1.379	1.301	1.228
0.68	2.303	2.142	1.996	1.865	1.746	1.638	1.539	1.448	1.365	1.289	1.218
0.70	2.248	2.093	1.954	1.828	1.713	1.609	1.514	1.426	1.346	1.272	1.204
0.72	2.183	2.035	1.903	1.782	1.673	1.573	1.482	1.398	1.321	1.250	1.184
0.74	2.108	1.969	1.843	1.729	1.625	1.530	1.443	1.363	1.289	1.221	1.158
0.76	2.024	1.893	1.775	1.667	1.569	1.479	1.397	1.321	1.251	1.187	1.127
0.78	1.929	1.807	1.697	1.596	1.504	1.420	1.343	1.272	1.206	1.145	1.088
0.80	1.823	1.710	1.608	1.515	1.430	1.352	1.280	1.214	1.152	1.096	1.043
0.82	1.705	1.602	1.509	1.424	1.346	1.274	1.208	1.147	1.090	1.038	0.989
0.84	1.575	1.482	1.398	1.321	1.250	1.186	1.126	1.070	1.019	0.971	0.927
0.86	1.432	1.350	1.275	1.207	1.144	1.086	1.033	0.984	0.938	0.895	0.855
0.88	1.275	1.204	1.139	1.080	1.025	0.975	0.928	0.885	0.845	0.808	0.773
0.90	1.104	1.044	0.989	0.939	0.893	0.851	0.811	0.775	0.741	0.710	0.680
0.92	0.917	0.869	0.825	0.784	0.747	0.713	0.681	0.651	0.624	0.598	0.574
0.94	0.714	0.678	0.644	0.614	0.586	0.560	0.536	0.513	0.492	0.473	0.455

ε_4 \ λ_1	3.20	3.40	3.60	3.80	4.00	4.20	4.40	4.60	4.80	5.00	5.20
0.96	0.494	0.470	0.448	0.427	0.408	0.391	0.375	0.360	0.346	0.332	0.320
0.98	0.257	0.244	0.233	0.223	0.213	0.205	0.197	0.189	0.182	0.175	0.169
1.00	0.000	0.000	0.000	0.000	0.000	0.000	0.000	0.000	0.000	0.000	0.000

ε_4 \ λ_1	5.50	6.00	6.50	7.00	7.50	8.00	8.50	9.00	9.50	10.00	10.50
0.00	0.479	0.379	0.305	0.248	0.204	0.170	0.143	0.122	0.104	0.090	0.078
0.02	0.482	0.382	0.307	0.250	0.207	0.172	0.145	0.124	0.106	0.092	0.080
0.04	0.490	0.389	0.314	0.257	0.213	0.178	0.151	0.129	0.111	0.096	0.084
0.06	0.502	0.401	0.325	0.267	0.222	0.187	0.159	0.136	0.118	0.103	0.091
0.08	0.518	0.415	0.338	0.280	0.234	0.198	0.169	0.146	0.127	0.112	0.099
0.10	0.537	0.433	0.355	0.295	0.248	0.211	0.182	0.158	0.138	0.122	0.108
0.12	0.559	0.453	0.373	0.312	0.264	0.226	0.195	0.170	0.150	0.133	0.119
0.14	0.583	0.475	0.394	0.331	0.281	0.242	0.210	0.184	0.163	0.145	0.130
0.16	0.609	0.499	0.416	0.351	0.300	0.259	0.226	0.199	0.176	0.157	0.141
0.18	0.636	0.524	0.439	0.372	0.319	0.277	0.242	0.214	0.190	0.170	0.153
0.20	0.665	0.550	0.463	0.394	0.339	0.295	0.259	0.229	0.204	0.183	0.166
0.22	0.694	0.577	0.487	0.416	0.359	0.314	0.276	0.245	0.219	0.197	0.178
0.24	0.724	0.605	0.512	0.439	0.380	0.332	0.293	0.261	0.233	0.210	0.190
0.26	0.754	0.632	0.537	0.462	0.401	0.351	0.311	0.276	0.248	0.223	0.202
0.28	0.785	0.660	0.562	0.484	0.422	0.370	0.328	0.292	0.262	0.237	0.215
0.30	0.815	0.687	0.587	0.507	0.442	0.389	0.345	0.308	0.276	0.250	0.226
0.32	0.845	0.715	0.612	0.529	0.462	0.407	0.362	0.323	0.290	0.262	0.238
0.34	0.874	0.741	0.636	0.552	0.482	0.426	0.378	0.338	0.304	0.275	0.250
0.36	0.903	0.768	0.660	0.573	0.502	0.443	0.394	0.353	0.317	0.287	0.261
0.38	0.931	0.793	0.683	0.594	0.521	0.461	0.410	0.367	0.330	0.229	0.272
0.40	0.957	0.818	0.705	0.614	0.540	0.477	0.425	0.381	0.343	0.311	0.282
0.42	0.983	0.841	0.727	0.634	0.557	0.493	0.440	0.394	0.355	0.322	0.293
0.44	1.007	0.863	0.747	0.653	0.574	0.509	0.454	0.407	0.367	0.333	0.303
0.46	1.030	0.884	0.767	0.670	0.591	0.524	0.468	0.420	0.378	0.343	0.312
0.48	1.051	0.904	0.785	0.687	0.606	0.538	0.480	0.431	0.389	0.353	0.321
0.50	1.070	0.922	0.802	0.703	0.620	0.551	0.493	0.443	0.400	0.362	0.330
0.52	1.087	0.938	0.817	0.717	0.634	0.564	0.504	0.453	0.409	0.371	0.338

ε_4 \ λ_1	5.50	6.00	6.50	7.00	7.50	8.00	8.50	9.00	9.50	10.00	10.50
0.54	1.101	0.953	0.831	0.730	0.646	0.575	0.515	0.463	0.418	0.380	0.346
0.56	1.113	0.965	0.843	0.742	0.657	0.585	0.524	0.472	0.427	0.388	0.353
0.58	1.123	0.975	0.853	0.752	0.667	0.595	0.533	0.480	0.434	0.395	0.360
0.60	1.130	0.983	0.862	0.760	0.675	0.603	0.541	0.487	0.441	0.401	0.366
0.62	1.133	0.988	0.868	0.767	0.682	0.609	0.547	0.494	0.447	0.407	0.372
0.64	1.134	0.990	0.871	0.771	0.686	0.614	0.552	0.499	0.452	0.412	0.376
0.66	1.130	0.989	0.872	0.773	0.689	0.618	0.556	0.503	0.456	0.416	0.380
0.68	1.122	0.985	0.870	0.773	0.690	0.619	0.558	0.505	0.459	0.419	0.383
0.70	1.111	0.977	0.864	0.769	0.688	0.619	0.558	0.506	0.461	0.421	0.385
0.72	1.094	0.964	0.855	0.763	0.684	0.616	0.557	0.505	0.461	0.421	0.386
0.74	1.072	0.947	0.842	0.753	0.676	0.610	0.553	0.502	0.459	0.420	0.386
0.76	1.045	0.925	0.825	0.739	0.665	0.601	0.546	0.497	0.455	0.417	0.383
0.78	1.011	0.898	0.802	0.721	0.650	0.589	0.536	0.489	0.448	0.412	0.379
0.80	0.970	0.865	0.775	0.698	0.631	0.573	0.522	0.478	0.439	0.404	0.373
0.82	0.922	0.824	0.741	0.669	0.607	0.552	0.505	0.463	0.426	0.393	0.363
0.84	0.866	0.776	0.700	0.634	0.577	0.527	0.483	0.444	0.409	0.378	0.351
0.86	0.801	0.720	0.652	0.592	0.540	0.495	0.455	0.419	0.388	0.359	0.334
0.88	0.725	0.655	0.594	0.542	0.496	0.456	0.420	0.389	0.361	0.335	0.312
0.90	0.639	0.579	0.528	0.483	0.444	0.409	0.378	0.351	0.327	0.305	0.285
0.92	0.541	0.492	0.450	0.413	0.381	0.353	0.328	0.305	0.285	0.267	0.250
0.94	0.430	0.392	0.360	0.332	0.308	0.286	0.266	0.249	0.233	0.219	0.207
0.96	0.303	0.278	0.257	0.238	0.221	0.206	0.193	0.181	0.170	0.161	0.152
0.98	0.161	0.148	0.137	0.128	0.119	0.112	0.105	0.099	0.094	0.089	0.084
1.00	0.000	0.000	0.000	0.000	0.000	0.000	0.000	0.000	0.000	0.000	0.000

ε_4 \ λ_1	11.00	12.00	13.00	14.00	15.00	17.00	19.00	21.00	23.00	25.00	28.00
0.00	0.068	0.053	0.042	0.034	0.028	0.019	0.014	0.010	0.008	0.006	0.004
0.02	0.070	0.054	0.043	0.035	0.029	0.020	0.015	0.011	0.009	0.007	0.005
0.04	0.074	0.058	0.047	0.038	0.032	0.023	0.017	0.013	0.010	0.008	0.006
0.06	0.080	0.064	0.052	0.043	0.036	0.026	0.020	0.016	0.013	0.010	0.008
0.08	0.088	0.071	0.058	0.048	0.041	0.031	0.024	0.019	0.015	0.013	0.010
0.10	0.097	0.079	0.065	0.055	0.047	0.035	0.028	0.022	0.018	0.015	0.012

λ_1 / ε_4	11.00	12.00	13.00	14.00	15.00	17.00	19.00	21.00	23.00	25.00	28.00
0.12	0.106	0.087	0.073	0.062	0.053	0.040	0.032	0.026	0.021	0.018	0.014
0.14	0.117	0.096	0.081	0.069	0.060	0.046	0.036	0.030	0.025	0.021	0.017
0.16	0.128	0.106	0.089	0.076	0.066	0.051	0.041	0.033	0.028	0.023	0.019
0.18	0.139	0.116	0.098	0.084	0.073	0.056	0.045	0.037	0.031	0.026	0.021
0.20	0.150	0.125	0.106	0.091	0.079	0.062	0.049	0.040	0.034	0.029	0.023
0.22	0.162	0.135	0.115	0.099	0.086	0.067	0.054	0.044	0.037	0.031	0.025
0.24	0.173	0.145	0.123	0.106	0.093	0.072	0.058	0.047	0.040	0.034	0.027
0.26	0.184	0.155	0.132	0.114	0.099	0.077	0.062	0.051	0.042	0.036	0.029
0.28	0.195	0.164	0.140	0.121	0.105	0.082	0.066	0.054	0.045	0.038	0.031
0.30	0.207	0.174	0.148	0.128	0.112	0.087	0.070	0.057	0.048	0.041	0.032
0.32	0.217	0.183	0.156	0.135	0.118	0.092	0.074	0.060	0.050	0.043	0.034
0.34	0.228	0.192	0.164	0.142	0.124	0.097	0.077	0.063	0.053	0.045	0.036
0.36	0.238	0.201	0.172	0.148	0.129	0.101	0.081	0.066	0.055	0.047	0.037
0.38	0.248	0.209	0.179	0.155	0.135	0.105	0.085	0.069	0.058	0.049	0.039
0.40	0.258	0.218	0.186	0.161	0.140	0.110	0.088	0.072	0.060	0.051	0.041
0.42	0.267	0.226	0.193	0.167	0.146	0.114	0.091	0.075	0.062	0.053	0.042
0.44	0.277	0.233	0.200	0.172	0.151	0.118	0.094	0.077	0.065	0.055	0.044
0.46	0.285	0.241	0.206	0.178	0.155	0.121	0.097	0.080	0.067	0.056	0.045
0.48	0.294	0.248	0.212	0.183	0.160	0.125	0.100	0.082	0.069	0.058	0.046
0.50	0.302	0.255	0.218	0.189	0.165	0.129	0.103	0.085	0.071	0.060	0.048
0.52	0.309	0.261	0.224	0.193	0.169	0.132	0.106	0.087	0.072	0.061	0.049
0.54	0.317	0.268	0.229	0.198	0.173	0.135	0.108	0.089	0.074	0.063	0.050
0.56	0.323	0.274	0.234	0.203	0.177	0.138	0.111	0.091	0.076	0.064	0.051
0.58	0.330	0.279	0.239	0.207	0.181	0.141	0.113	0.093	0.077	0.066	0.052
0.60	0.335	0.284	0.243	0.211	0.184	0.144	0.116	0.095	0.079	0.067	0.053
0.62	0.341	0.289	0.248	0.214	0.187	0.147	0.118	0.096	0.080	0.068	0.054
0.64	0.345	0.293	0.251	0.218	0.190	0.149	0.120	0.098	0.082	0.069	0.055
0.66	0.349	0.296	0.255	0.221	0.193	0.151	0.122	0.100	0.083	0.070	0.056
0.68	0.352	0.300	0.258	0.224	0.196	0.153	0.123	0.101	0.084	0.072	0.057
0.70	0.354	0.302	0.260	0.226	0.198	0.155	0.125	0.102	0.086	0.072	0.058
0.72	0.355	0.303	0.261	0.227	0.200	0.157	0.126	0.104	0.087	0.073	0.059
0.74	0.355	0.304	0.262	0.229	0.201	0.158	0.127	0.105	0.088	0.074	0.059

ε_4 \ λ_1	11.00	12.00	13.00	14.00	15.00	17.00	19.00	21.00	23.00	25.00	28.00
0.76	0.354	0.303	0.262	0.229	0.201	0.159	0.128	0.106	0.088	0.075	0.060
0.78	0.350	0.301	0.261	0.229	0.201	0.159	0.129	0.106	0.089	0.076	0.060
0.80	0.345	0.297	0.259	0.227	0.200	0.159	0.129	0.107	0.089	0.076	0.061
0.82	0.337	0.292	0.255	0.224	0.198	0.158	0.129	0.107	0.090	0.076	0.061
0.84	0.326	0.283	0.248	0.219	0.195	0.156	0.128	0.106	0.089	0.076	0.061
0.86	0.311	0.272	0.239	0.212	0.189	0.153	0.125	0.105	0.089	0.076	0.061
0.88	0.292	0.256	0.227	0.202	0.181	0.147	0.122	0.102	0.087	0.075	0.060
0.90	0.267	0.236	0.210	0.188	0.169	0.139	0.116	0.098	0.084	0.072	0.059
0.92	0.235	0.209	0.187	0.168	0.152	0.127	0.107	0.091	0.079	0.068	0.056
0.94	0.195	0.174	0.157	0.143	0.130	0.109	0.093	0.080	0.070	0.062	0.052
0.96	0.144	0.130	0.118	0.108	0.099	0.084	0.073	0.064	0.056	0.050	0.043
0.98	0.080	0.073	0.067	0.062	0.057	0.049	0.043	0.039	0.035	0.031	0.027
1.00	0.000	0.000	0.000	0.000	0.000	0.000	0.000	0.000	0.000	0.000	0.000

3.2.63 连梁剪力连续均布水平荷载 $(V_b/\varepsilon_5) \times 10^{-2}$ 值表

表 3-63 连梁剪力连续均布水平荷载 $(V_b/\varepsilon_5) \times 10^{-2}$ 值表

ε_5 \ λ_1	1.00	1.20	1.40	1.60	1.80	2.00	2.20	2.40	2.60	2.80	3.00
0.00	11.354	9.891	8.544	7.346	6.302	5.405	4.641	3.991	3.442	2.976	2.582
0.02	11.356	9.893	8.548	7.350	6.306	5.409	4.645	3.996	3.446	2.981	2.586
0.04	11.362	9.901	8.557	7.360	6.318	5.422	4.657	4.009	3.459	2.994	2.599
0.06	11.371	9.913	8.571	7.377	6.336	5.441	4.677	4.029	3.480	3.015	2.620
0.08	11.382	9.928	8.590	7.398	6.359	5.466	4.704	4.057	3.508	3.043	2.648
0.10	11.394	9.945	8.612	7.424	6.388	5.497	4.737	4.090	3.542	3.077	2.682
0.12	11.407	9.965	8.637	7.453	6.421	5.533	4.774	4.129	3.582	3.117	2.722
0.14	11.420	9.985	8.663	7.486	6.458	5.573	4.816	4.173	3.626	3.162	2.767
0.16	11.431	10.005	8.691	7.520	6.497	5.616	4.862	4.221	3.675	3.211	2.816
0.18	11.441	10.025	8.720	7.555	6.538	5.662	4.911	4.272	3.727	3.264	2.869
0.20	11.448	10.043	8.748	7.592	6.581	5.709	4.962	4.325	3.783	3.320	2.925
0.22	11.452	10.059	8.775	7.628	6.624	5.758	5.015	4.381	3.840	3.378	2.983
0.24	11.451	10.072	8.800	7.662	6.667	5.807	5.069	4.438	3.899	3.438	3.044
0.26	11.446	10.082	8.822	7.696	6.709	5.856	5.123	4.495	3.959	3.500	3.106

ε_5 \ λ_1	1.00	1.20	1.40	1.60	1.80	2.00	2.20	2.40	2.60	2.80	3.00
0.28	11.435	10.086	8.841	7.726	6.749	5.904	5.176	4.553	4.019	3.562	3.168
0.30	11.417	10.086	8.855	7.754	6.787	5.950	5.229	4.610	4.079	3.623	3.231
0.32	11.391	10.079	8.865	7.777	6.822	5.993	5.279	4.665	4.138	3.685	3.294
0.34	11.358	10.065	8.868	7.796	6.853	6.034	5.327	4.719	4.195	3.745	3.355
0.36	11.315	10.043	8.865	7.808	6.878	6.070	5.371	4.769	4.250	3.803	3.415
0.38	11.262	10.013	8.855	7.815	6.899	6.102	5.412	4.816	4.303	3.858	3.473
0.40	11.199	9.973	8.836	7.814	6.913	6.128	5.448	4.860	4.351	3.911	3.528
0.42	11.124	9.923	8.808	7.805	6.920	6.148	5.478	4.898	4.395	3.960	3.580
0.44	11.037	9.862	8.771	7.788	6.920	6.161	5.502	4.931	4.435	4.004	3.628
0.46	10.937	9.789	8.722	7.761	6.910	6.166	5.519	4.957	4.469	4.043	3.672
0.48	10.823	9.703	8.662	7.723	6.892	6.163	5.529	4.977	4.496	4.077	3.710
0.50	10.694	9.604	8.590	7.674	6.863	6.151	5.530	4.989	4.517	4.104	3.743
0.52	10.549	9.490	8.504	7.613	6.822	6.128	5.521	4.992	4.529	4.124	3.769
0.54	10.387	9.361	8.404	7.539	6.770	6.094	5.503	4.986	4.534	4.137	3.787
0.56	10.208	9.216	8.290	7.451	6.705	6.049	5.474	4.970	4.528	4.140	3.798
0.58	10.011	9.053	8.159	7.348	6.627	5.991	5.432	4.943	4.513	4.135	3.800
0.60	9.794	8.873	8.011	7.230	6.534	5.919	5.379	4.904	4.487	4.118	3.792
0.62	9.558	8.673	7.846	7.095	6.425	5.832	5.311	4.853	4.448	4.091	3.775
0.64	9.300	8.454	7.662	6.942	6.300	5.731	5.229	4.787	4.397	4.052	3.745
0.66	9.021	8.214	7.459	6.771	6.157	5.612	5.132	4.708	4.333	4.000	3.704
0.68	8.719	7.953	7.235	6.581	5.996	5.477	5.018	4.612	4.253	3.934	3.650
0.70	8.393	7.668	6.989	6.370	5.815	5.322	4.886	4.500	4.158	3.854	3.582
0.72	8.042	7.361	6.721	6.138	5.614	5.149	4.736	4.371	4.046	3.757	3.498
0.74	7.666	7.028	6.429	5.883	5.392	4.955	4.567	4.223	3.917	3.643	3.398
0.76	7.263	6.670	6.113	5.604	5.147	4.739	4.376	4.055	3.768	3.511	3.281
0.78	6.833	6.286	5.771	5.301	4.878	4.500	4.164	3.865	3.599	3.360	3.146
0.80	6.375	5.874	5.403	4.972	4.584	4.237	3.929	3.654	3.408	3.188	2.990
0.82	5.887	5.433	5.007	4.616	4.264	3.949	3.669	3.419	3.195	2.994	2.813
0.84	5.368	4.963	4.582	4.232	3.917	3.635	3.383	3.159	2.958	2.777	2.614
0.86	4.818	4.462	4.126	3.819	3.541	3.293	3.071	2.873	2.695	2.535	2.390
0.88	4.236	3.929	3.640	3.375	3.136	2.921	2.730	2.558	2.405	2.266	2.141
0.90	3.620	3.363	3.122	2.900	2.699	2.520	2.359	2.215	2.086	1.969	1.864

ε_5 \ λ_1	1.00	1.20	1.40	1.60	1.80	2.00	2.20	2.40	2.60	2.80	3.00
0.92	2.969	2.763	2.569	2.391	2.230	2.086	1.957	1.841	1.737	1.643	1.558
0.94	2.283	2.128	1.982	1.848	1.727	1.618	1.521	1.434	1.355	1.285	1.220
0.96	1.560	1.457	1.359	1.270	1.189	1.116	1.051	0.993	0.940	0.893	0.850
0.98	0.799	0.748	0.699	0.654	0.614	0.577	0.545	0.515	0.489	0.465	0.444
1.00	0.000	0.000	0.000	0.000	0.000	0.000	0.000	0.000	0.000	0.000	0.000

ε_5 \ λ_1	3.20	3.40	3.60	3.80	4.00	4.20	4.40	4.60	4.80	5.00	5.20
0.00	2.247	1.962	1.719	1.511	1.333	1.179	1.047	0.932	0.833	0.746	0.670
0.02	2.251	1.966	1.723	1.515	1.337	1.183	1.051	0.936	0.836	0.750	0.674
0.04	2.264	1.979	1.736	1.527	1.349	1.195	1.062	0.947	0.847	0.760	0.684
0.06	2.285	1.999	1.755	1.547	1.368	1.213	1.080	0.964	0.864	0.776	0.700
0.08	2.312	2.026	1.782	1.573	1.393	1.238	1.104	0.987	0.886	0.798	0.721
0.10	2.346	2.060	1.815	1.605	1.424	1.268	1.133	1.016	0.914	0.824	0.746
0.12	2.386	2.098	1.853	1.642	1.460	1.303	1.167	1.049	0.945	0.855	0.776
0.14	2.430	2.142	1.895	1.683	1.501	1.342	1.205	1.086	0.981	0.890	0.809
0.16	2.479	2.190	1.942	1.729	1.545	1.386	1.247	1.126	1.020	0.927	0.845
0.18	2.531	2.242	1.993	1.779	1.593	1.432	1.292	1.170	1.062	0.968	0.885
0.20	2.587	2.297	2.047	1.831	1.645	1.482	1.340	1.216	1.107	1.011	0.926
0.22	2.645	2.354	2.104	1.887	1.698	1.534	1.391	1.265	1.154	1.056	0.970
0.24	2.705	2.414	2.162	1.944	1.754	1.588	1.443	1.315	1.203	1.103	1.015
0.26	2.767	2.475	2.222	2.003	1.811	1.644	1.497	1.368	1.253	1.152	1.061
0.28	2.830	2.537	2.284	2.063	1.870	1.701	1.552	1.421	1.305	1.201	1.109
0.30	2.893	2.600	2.346	2.124	1.929	1.759	1.608	1.475	1.357	1.252	1.157
0.32	2.956	2.663	2.408	2.185	1.989	1.817	1.665	1.530	1.410	1.302	1.206
0.34	3.018	2.725	2.469	2.245	2.049	1.875	1.721	1.584	1.463	1.353	1.256
0.36	3.079	2.786	2.530	2.306	2.108	1.933	1.777	1.639	1.515	1.405	1.305
0.38	3.138	2.846	2.590	2.365	2.166	1.990	1.833	1.693	1.568	1.455	1.354
0.40	3.195	2.904	2.648	2.422	2.223	2.046	1.888	1.746	1.619	1.505	1.402
0.42	3.249	2.959	2.704	2.478	2.278	2.100	1.941	1.798	1.670	1.554	1.450
0.44	3.300	3.011	2.757	2.531	2.331	2.152	1.992	1.849	1.719	1.602	1.496
0.46	3.346	3.059	2.806	2.581	2.381	2.202	2.042	1.897	1.766	1.648	1.541
0.48	3.388	3.104	2.852	2.628	2.428	2.249	2.088	1.943	1.812	1.693	1.584

ε_5 \ λ_1	3.20	3.40	3.60	3.80	4.00	4.20	4.40	4.60	4.80	5.00	5.20
0.50	3.424	3.143	2.893	2.671	2.471	2.293	2.132	1.986	1.855	1.735	1.625
0.52	3.455	3.177	2.929	2.709	2.511	2.333	2.172	2.027	1.894	1.774	1.664
0.54	3.478	3.204	2.960	2.741	2.545	2.368	2.208	2.063	1.931	1.810	1.700
0.56	3.495	3.225	2.984	2.769	2.574	2.399	2.240	2.095	1.964	1.843	1.733
0.58	3.503	3.239	3.002	2.789	2.597	2.424	2.266	2.123	1.992	1.872	1.762
0.60	3.503	3.244	3.012	2.803	2.614	2.443	2.287	2.145	2.016	1.896	1.787
0.62	3.492	3.240	3.013	2.809	2.623	2.455	2.302	2.162	2.034	1.916	1.807
0.64	3.472	3.226	3.005	2.806	2.625	2.460	2.310	2.172	2.046	1.929	1.822
0.66	3.440	3.202	2.988	2.794	2.617	2.457	2.310	2.175	2.051	1.937	1.831
0.68	3.395	3.166	2.959	2.771	2.600	2.444	2.301	2.170	2.049	1.937	1.834
0.70	3.337	3.117	2.918	2.737	2.573	2.422	2.283	2.156	2.038	1.930	1.829
0.72	3.265	3.055	2.865	2.692	2.533	2.388	2.255	2.132	2.019	1.913	1.816
0.74	3.178	2.979	2.798	2.633	2.482	2.343	2.215	2.098	1.989	1.888	1.794
0.76	3.074	2.886	2.715	2.559	2.416	2.285	2.163	2.051	1.947	1.851	1.761
0.78	2.952	2.776	2.616	2.470	2.336	2.212	2.098	1.992	1.894	1.802	1.717
0.80	2.811	2.648	2.500	2.364	2.239	2.124	2.017	1.918	1.826	1.741	1.661
0.82	2.650	2.500	2.364	2.239	2.124	2.018	1.920	1.829	1.744	1.664	1.590
0.84	2.466	2.331	2.208	2.095	1.991	1.894	1.805	1.722	1.644	1.572	1.504
0.86	2.259	2.140	2.030	1.929	1.836	1.750	1.670	1.596	1.526	1.462	1.401
0.88	2.027	1.923	1.828	1.740	1.659	1.584	1.514	1.449	1.388	1.331	1.278
0.90	1.768	1.680	1.600	1.526	1.457	1.394	1.335	1.279	1.228	1.179	1.134
0.92	1.480	1.409	1.344	1.284	1.229	1.177	1.129	1.084	1.042	1.003	0.966
0.94	1.162	1.108	1.059	1.014	0.971	0.932	0.896	0.862	0.830	0.800	0.772
0.96	0.810	0.774	0.741	0.711	0.683	0.656	0.632	0.609	0.587	0.567	0.548
0.98	0.424	0.406	0.389	0.374	0.360	0.347	0.334	0.323	0.312	0.302	0.292
1.00	0.000	0.000	0.000	0.000	0.000	0.000	0.000	0.000	0.000	0.000	0.000

ε_5 \ λ_1	5.50	6.00	6.50	7.00	7.50	8.00	8.50	9.00	9.50	10.00	10.50
0.00	0.574	0.449	0.357	0.288	0.235	0.194	0.162	0.137	0.116	0.100	0.086
0.02	0.577	0.452	0.360	0.291	0.238	0.197	0.164	0.139	0.118	0.102	0.088
0.04	0.587	0.461	0.368	0.298	0.245	0.203	0.171	0.145	0.124	0.107	0.093
0.06	0.602	0.475	0.381	0.310	0.256	0.213	0.180	0.154	0.132	0.115	0.100

ε_5 ＼ λ_1	5.50	6.00	6.50	7.00	7.50	8.00	8.50	9.00	9.50	10.00	10.50
0.08	0.622	0.493	0.398	0.325	0.270	0.227	0.193	0.165	0.143	0.125	0.110
0.10	0.646	0.516	0.418	0.344	0.287	0.243	0.207	0.179	0.156	0.137	0.121
0.12	0.674	0.541	0.442	0.366	0.307	0.261	0.224	0.194	0.170	0.150	0.133
0.14	0.706	0.570	0.468	0.389	0.329	0.281	0.242	0.211	0.186	0.164	0.147
0.16	0.740	0.601	0.496	0.415	0.352	0.302	0.262	0.229	0.202	0.180	0.161
0.18	0.777	0.635	0.526	0.443	0.377	0.325	0.283	0.249	0.220	0.196	0.176
0.20	0.816	0.670	0.559	0.472	0.404	0.349	0.305	0.269	0.238	0.213	0.192
0.22	0.857	0.707	0.592	0.502	0.431	0.374	0.328	0.289	0.258	0.231	0.208
0.24	0.900	0.746	0.627	0.534	0.460	0.400	0.351	0.311	0.277	0.249	0.224
0.26	0.944	0.785	0.663	0.566	0.489	0.426	0.375	0.333	0.297	0.267	0.241
0.28	0.989	0.826	0.699	0.599	0.519	0.453	0.400	0.355	0.317	0.285	0.258
0.30	1.034	0.867	0.736	0.633	0.549	0.481	0.424	0.377	0.338	0.304	0.275
0.32	1.080	0.909	0.774	0.666	0.579	0.508	0.449	0.400	0.358	0.323	0.293
0.34	1.127	0.951	0.812	0.701	0.610	0.536	0.475	0.423	0.379	0.342	0.310
0.36	1.173	0.993	0.850	0.735	0.641	0.564	0.500	0.446	0.400	0.361	0.327
0.38	1.220	1.035	0.888	0.769	0.672	0.592	0.525	0.469	0.421	0.380	0.345
0.40	1.265	1.077	0.926	0.803	0.703	0.620	0.551	0.492	0.442	0.399	0.362
0.42	1.311	1.118	0.963	0.837	0.734	0.648	0.576	0.515	0.463	0.418	0.380
0.44	1.355	1.158	1.000	0.871	0.764	0.676	0.601	0.538	0.484	0.438	0.397
0.46	1.398	1.198	1.036	0.904	0.794	0.703	0.626	0.561	0.505	0.456	0.415
0.48	1.439	1.236	1.071	0.936	0.824	0.730	0.650	0.583	0.525	0.475	0.432
0.50	1.479	1.273	1.106	0.968	0.853	0.756	0.675	0.605	0.545	0.494	0.449
0.52	1.517	1.309	1.139	0.998	0.881	0.782	0.698	0.627	0.565	0.512	0.466
0.54	1.552	1.342	1.170	1.027	0.908	0.807	0.721	0.648	0.585	0.530	0.483
0.56	1.584	1.373	1.199	1.055	0.934	0.831	0.744	0.669	0.604	0.548	0.499
0.58	1.613	1.402	1.227	1.081	0.958	0.854	0.765	0.689	0.623	0.565	0.515
0.60	1.639	1.427	1.252	1.105	0.981	0.875	0.785	0.708	0.640	0.582	0.531
0.62	1.660	1.449	1.274	1.126	1.002	0.895	0.804	0.726	0.657	0.598	0.546
0.64	1.676	1.467	1.292	1.145	1.020	0.913	0.822	0.742	0.673	0.613	0.560
0.66	1.688	1.481	1.307	1.161	1.036	0.929	0.837	0.757	0.688	0.627	0.573
0.68	1.693	1.489	1.318	1.173	1.049	0.943	0.851	0.771	0.701	0.639	0.585
0.70	1.691	1.492	1.324	1.181	1.058	0.953	0.861	0.781	0.712	0.650	0.596

ε_5 \\ λ_1	5.50	6.00	6.50	7.00	7.50	8.00	8.50	9.00	9.50	10.00	10.50
0.72	1.682	1.488	1.324	1.184	1.063	0.959	0.869	0.790	0.720	0.659	0.605
0.74	1.665	1.477	1.318	1.181	1.064	0.962	0.873	0.795	0.726	0.666	0.612
0.76	1.638	1.457	1.304	1.172	1.058	0.959	0.872	0.796	0.729	0.669	0.616
0.78	1.600	1.429	1.282	1.155	1.046	0.950	0.866	0.793	0.727	0.669	0.617
0.80	1.551	1.389	1.250	1.130	1.026	0.935	0.855	0.784	0.721	0.665	0.615
0.82	1.488	1.337	1.208	1.095	0.997	0.911	0.835	0.768	0.708	0.655	0.607
0.84	1.410	1.272	1.153	1.049	0.958	0.878	0.808	0.745	0.688	0.638	0.593
0.86	1.316	1.192	1.084	0.990	0.907	0.834	0.769	0.712	0.660	0.613	0.572
0.88	1.204	1.094	0.999	0.915	0.842	0.777	0.719	0.667	0.621	0.579	0.541
0.90	1.071	0.977	0.895	0.824	0.760	0.704	0.654	0.609	0.569	0.532	0.499
0.92	0.914	0.838	0.771	0.712	0.660	0.614	0.572	0.535	0.501	0.471	0.443
0.94	0.732	0.674	0.623	0.578	0.538	0.502	0.470	0.441	0.415	0.391	0.370
0.96	0.522	0.482	0.448	0.417	0.390	0.365	0.344	0.324	0.306	0.290	0.275
0.98	0.279	0.259	0.241	0.226	0.212	0.200	0.189	0.179	0.170	0.161	0.154
1.00	0.000	0.000	0.000	0.000	0.000	0.000	0.000	0.000	0.000	0.000	0.000

ε_5 \\ λ_1	11.00	12.00	13.00	14.00	15.00	17.00	19.00	21.00	23.00	25.00	28.00
0.00	0.075	0.058	0.046	0.036	0.030	0.020	0.015	0.011	0.008	0.006	0.005
0.02	0.077	0.059	0.047	0.038	0.031	0.021	0.016	0.012	0.009	0.007	0.005
0.04	0.081	0.064	0.051	0.041	0.034	0.024	0.018	0.014	0.011	0.009	0.007
0.06	0.088	0.070	0.056	0.046	0.039	0.028	0.021	0.017	0.013	0.011	0.009
0.08	0.097	0.078	0.063	0.053	0.044	0.033	0.025	0.020	0.016	0.014	0.011
0.10	0.108	0.087	0.072	0.060	0.051	0.038	0.030	0.024	0.020	0.017	0.013
0.12	0.119	0.097	0.081	0.068	0.058	0.044	0.035	0.028	0.023	0.020	0.015
0.14	0.132	0.108	0.090	0.077	0.066	0.050	0.040	0.032	0.027	0.023	0.018
0.16	0.145	0.120	0.100	0.086	0.074	0.057	0.045	0.037	0.030	0.026	0.020
0.18	0.159	0.132	0.111	0.095	0.082	0.063	0.050	0.041	0.034	0.029	0.023
0.20	0.173	0.144	0.122	0.104	0.090	0.070	0.056	0.046	0.038	0.032	0.026
0.22	0.188	0.157	0.133	0.114	0.099	0.077	0.061	0.050	0.042	0.035	0.028
0.24	0.204	0.170	0.144	0.124	0.107	0.083	0.067	0.054	0.045	0.038	0.031
0.26	0.219	0.183	0.155	0.134	0.116	0.090	0.072	0.059	0.049	0.042	0.033
0.28	0.235	0.196	0.167	0.144	0.125	0.097	0.078	0.064	0.053	0.045	0.036

ε_5 \ λ_1	11.00	12.00	13.00	14.00	15.00	17.00	19.00	21.00	23.00	25.00	28.00
0.30	0.250	0.210	0.178	0.154	0.134	0.104	0.083	0.068	0.057	0.048	0.038
0.32	0.266	0.223	0.190	0.164	0.142	0.111	0.089	0.073	0.060	0.051	0.041
0.34	0.282	0.237	0.202	0.174	0.151	0.118	0.094	0.077	0.064	0.054	0.043
0.36	0.298	0.250	0.213	0.184	0.160	0.125	0.100	0.082	0.068	0.058	0.046
0.38	0.314	0.264	0.225	0.194	0.169	0.132	0.105	0.086	0.072	0.061	0.048
0.40	0.330	0.278	0.237	0.204	0.178	0.138	0.111	0.091	0.076	0.064	0.051
0.42	0.346	0.291	0.248	0.214	0.187	0.145	0.116	0.095	0.079	0.067	0.054
0.44	0.362	0.305	0.260	0.224	0.195	0.152	0.122	0.100	0.083	0.070	0.056
0.46	0.378	0.319	0.272	0.234	0.204	0.159	0.127	0.104	0.087	0.074	0.059
0.48	0.394	0.332	0.283	0.245	0.213	0.166	0.133	0.109	0.091	0.077	0.061
0.50	0.410	0.346	0.295	0.255	0.222	0.173	0.138	0.113	0.095	0.080	0.064
0.52	0.426	0.359	0.307	0.265	0.231	0.180	0.144	0.118	0.098	0.083	0.066
0.54	0.441	0.372	0.318	0.275	0.240	0.187	0.150	0.122	0.102	0.086	0.069
0.56	0.456	0.385	0.329	0.285	0.248	0.194	0.155	0.127	0.106	0.090	0.071
0.58	0.471	0.398	0.341	0.295	0.257	0.200	0.161	0.131	0.110	0.093	0.074
0.60	0.486	0.411	0.352	0.304	0.266	0.207	0.166	0.136	0.113	0.096	0.077
0.62	0.500	0.423	0.363	0.314	0.274	0.214	0.172	0.141	0.117	0.099	0.079
0.64	0.513	0.435	0.373	0.323	0.282	0.221	0.177	0.145	0.121	0.102	0.082
0.66	0.526	0.447	0.383	0.332	0.291	0.227	0.182	0.149	0.125	0.106	0.084
0.68	0.538	0.457	0.393	0.341	0.299	0.234	0.188	0.154	0.128	0.109	0.087
0.70	0.548	0.467	0.402	0.349	0.306	0.240	0.193	0.158	0.132	0.112	0.089
0.72	0.557	0.476	0.411	0.357	0.313	0.246	0.198	0.163	0.136	0.115	0.092
0.74	0.564	0.483	0.418	0.364	0.320	0.252	0.203	0.167	0.139	0.118	0.094
0.76	0.569	0.489	0.424	0.370	0.326	0.257	0.208	0.171	0.143	0.121	0.097
0.78	0.571	0.492	0.428	0.375	0.330	0.262	0.212	0.175	0.146	0.124	0.099
0.80	0.570	0.493	0.429	0.377	0.333	0.265	0.215	0.178	0.149	0.127	0.102
0.82	0.564	0.489	0.428	0.377	0.335	0.268	0.218	0.181	0.152	0.129	0.104
0.84	0.552	0.482	0.423	0.374	0.333	0.268	0.219	0.183	0.154	0.131	0.106
0.86	0.534	0.468	0.413	0.367	0.328	0.266	0.219	0.183	0.155	0.133	0.107
0.88	0.507	0.447	0.396	0.354	0.318	0.260	0.215	0.181	0.154	0.133	0.108
0.90	0.469	0.416	0.371	0.333	0.301	0.248	0.208	0.176	0.151	0.131	0.107
0.92	0.418	0.373	0.335	0.303	0.275	0.230	0.194	0.166	0.144	0.126	0.104
0.94	0.350	0.315	0.285	0.259	0.237	0.200	0.172	0.149	0.130	0.115	0.096
0.96	0.261	0.237	0.216	0.198	0.183	0.157	0.136	0.120	0.106	0.095	0.081
0.98	0.147	0.134	0.124	0.114	0.106	0.093	0.082	0.073	0.066	0.060	0.052
1.00	0.000	0.000	0.000	0.000	0.000	0.000	0.000	0.000	0.000	0.000	0.000

3.2.64 连梁剪力顶部集中水平荷载 $(V_b/\varepsilon_6)\times10^{-2}$ 值表

表 3-64　　　　　　　　　连梁剪力顶部集中水平荷载 $(V_b/\varepsilon_6)\times10^{-2}$ 值表

ε_6 \ λ_1	1.00	1.20	1.40	1.60	1.80	2.00	2.20	2.40	2.60	2.80	3.00
0.00	35.195	31.091	27.300	23.907	20.932	18.355	16.138	14.237	12.608	11.210	10.007
0.02	35.182	31.080	27.291	23.899	20.926	18.350	16.134	14.233	12.605	11.207	10.005
0.04	35.143	31.047	27.263	23.876	20.906	18.334	16.121	14.222	12.596	11.200	10.000
0.06	35.078	30.992	27.216	23.837	20.874	18.307	16.099	14.204	12.581	11.188	9.990
0.08	34.987	30.914	27.151	23.783	20.829	18.270	16.068	14.179	12.560	11.171	9.976
0.10	34.870	30.815	27.067	23.713	20.771	18.222	16.028	14.146	12.533	11.149	9.957
0.12	34.727	30.693	26.964	23.627	20.699	18.163	15.980	14.106	12.500	11.121	9.935
0.14	34.558	30.549	26.843	23.525	20.615	18.093	15.922	14.059	12.461	11.089	9.909
0.16	34.363	30.382	26.702	23.408	20.517	18.012	15.855	14.004	12.416	11.052	9.878
0.18	34.142	30.193	26.543	23.274	20.406	17.920	15.779	13.941	12.364	11.009	9.843
0.20	33.894	29.981	26.364	23.125	20.281	17.816	15.693	13.870	12.305	10.961	9.803
0.22	33.620	29.747	26.166	22.958	20.143	17.701	15.598	13.791	12.240	10.907	9.758
0.24	33.319	29.490	25.948	22.776	19.991	17.575	15.493	13.704	12.168	10.847	9.709
0.26	32.992	29.209	25.711	22.577	19.824	17.436	15.378	13.609	12.089	10.782	9.654
0.28	32.638	28.906	25.454	22.361	19.644	17.285	15.252	13.505	12.002	10.710	9.595
0.30	32.256	28.579	25.177	22.127	19.448	17.123	15.117	13.392	11.908	10.631	9.529
0.32	31.848	28.229	24.879	21.877	19.238	16.947	14.970	13.269	11.806	10.547	9.459
0.34	31.413	27.854	24.562	21.609	19.013	16.758	14.813	13.138	11.697	10.455	9.382
0.36	30.950	27.456	24.223	21.323	18.773	16.557	14.644	12.996	11.578	10.356	9.299
0.38	30.459	27.034	23.863	21.019	18.517	16.342	14.463	12.845	11.451	10.249	9.209
0.40	29.941	26.587	23.482	20.696	18.244	16.113	14.271	12.683	11.315	10.134	9.113
0.42	29.394	26.116	23.080	20.354	17.956	15.869	14.066	12.511	11.170	10.012	9.009
0.44	28.820	25.620	22.655	19.994	17.651	15.612	13.848	12.327	11.015	9.881	8.898
0.46	28.216	25.098	22.209	19.614	17.328	15.339	13.617	12.132	10.849	9.740	8.779
0.48	27.585	24.551	21.739	19.214	16.988	15.050	13.373	11.924	10.673	9.590	8.651
0.50	26.924	23.978	21.247	18.793	16.630	14.746	13.114	11.704	10.486	9.431	8.515
0.52	26.234	23.379	20.732	18.352	16.254	14.425	12.841	11.471	10.287	9.261	8.369
0.54	25.514	22.753	20.192	17.890	15.859	14.088	12.553	11.225	10.076	9.080	8.214
0.56	24.765	22.101	19.629	17.406	15.444	13.733	12.249	10.964	9.852	8.887	8.047
0.58	23.985	21.421	19.041	16.899	15.009	13.360	11.928	10.689	9.615	8.682	7.870

ε_6 \ λ_1	1.00	1.20	1.40	1.60	1.80	2.00	2.20	2.40	2.60	2.80	3.00
0.60	23.175	20.713	18.428	16.370	14.554	12.968	11.591	10.398	9.363	8.465	7.682
0.62	22.335	19.978	17.789	15.818	14.078	12.557	11.236	10.091	9.097	8.234	7.480
0.64	21.463	19.213	17.124	15.242	13.580	12.126	10.863	9.767	8.816	7.989	7.266
0.66	20.560	18.420	16.433	14.642	13.059	11.675	10.471	9.426	8.519	7.728	7.038
0.68	19.625	17.598	15.714	14.017	12.515	11.202	10.059	9.067	8.204	7.453	6.796
0.70	18.658	16.746	14.968	13.366	11.948	10.707	9.627	8.688	7.872	7.160	6.537
0.72	17.659	15.863	14.194	12.688	11.356	10.189	9.173	8.290	7.521	6.850	6.263
0.74	16.626	14.949	13.390	11.984	10.739	9.648	8.698	7.871	7.150	6.521	5.970
0.76	15.560	14.005	12.557	11.252	10.095	9.082	8.198	7.429	6.759	6.173	5.660
0.78	14.461	13.028	11.694	11.491	9.425	8.491	7.675	6.965	6.346	5.804	5.329
0.80	13.327	12.018	10.801	9.701	8.727	7.873	7.127	6.477	5.910	5.414	4.978
0.82	12.158	10.976	9.875	8.881	8.000	7.227	6.552	5.964	5.450	5.000	4.605
0.84	10.955	9.900	8.918	8.031	7.244	6.554	5.950	5.424	4.965	4.562	4.208
0.86	9.716	8.789	7.927	7.148	6.457	5.850	5.320	4.857	4.453	4.099	3.787
0.88	8.440	7.644	6.903	6.233	5.638	5.116	4.660	4.262	3.913	3.608	3.339
0.90	7.128	6.463	5.844	5.284	4.787	4.351	3.969	3.636	3.344	3.088	2.863
0.92	5.779	5.246	4.749	4.300	3.902	3.552	3.246	2.978	2.744	2.539	2.357
0.94	4.392	3.992	3.619	3.281	2.982	2.719	2.489	2.287	2.111	1.957	1.820
0.96	2.967	2.700	2.451	2.226	2.026	1.850	1.696	1.562	1.444	1.341	1.250
0.98	1.503	1.370	1.245	1.132	1.032	0.944	0.867	0.800	0.741	0.689	0.644
1.00	0.000	0.000	0.000	0.000	0.000	0.000	0.000	0.000	0.000	0.000	0.000

ε_6 \ λ_1	3.20	3.40	3.60	3.80	4.00	4.20	4.40	4.60	4.80	5.00	5.20
0.00	8.971	8.074	7.295	6.616	6.021	5.499	5.038	4.631	4.269	3.946	3.657
0.02	8.969	8.072	7.294	6.615	6.020	5.498	5.038	4.630	4.269	3.946	3.657
0.04	8.964	8.068	7.290	6.612	6.018	5.497	5.037	4.629	4.268	3.945	3.657
0.06	8.956	8.062	7.285	6.607	6.045	5.494	5.034	4.627	4.266	3.944	3.655
0.08	8.945	8.052	7.277	6.601	6.009	5.489	5.031	4.624	4.264	3.942	3.654
0.10	8.930	8.040	7.267	6.593	6.003	5.484	5.026	4.621	4.260	3.939	3.652
0.12	8.911	8.025	7.255	6.583	5.994	5.477	5.020	4.616	4.257	3.936	3.649
0.14	8.890	8.007	7.240	6.571	5.984	5.469	5.014	4.611	4.252	3.932	3.646
0.16	8.864	7.986	7.223	6.556	5.973	5.459	5.006	4.604	4.247	3.928	3.642
0.18	8.835	7.962	7.203	6.540	5.959	5.448	4.997	4.596	4.240	3.923	3.638

ε_6 \ λ_1	3.20	3.40	3.60	3.80	4.00	4.20	4.40	4.60	4.80	5.00	5.20
0.20	8.802	7.935	7.181	6.522	5.944	5.435	4.986	4.588	4.233	3.917	3.633
0.22	8.766	7.905	7.155	6.501	5.927	5.421	4.974	4.578	4.225	3.910	3.628
0.24	8.725	7.871	7.127	6.478	5.907	5.405	4.961	4.567	4.216	3.902	3.621
0.26	8.679	7.833	7.096	6.452	5.886	5.387	4.946	4.554	4.206	3.894	3.614
0.28	8.630	7.792	7.062	6.423	5.862	5.367	4.929	4.541	4.194	3.884	3.606
0.30	8.576	7.747	7.024	6.392	5.836	5.345	4.911	4.525	4.181	3.873	3.597
0.32	8.516	7.697	6.983	6.357	5.807	5.321	4.891	4.508	4.167	3.861	3.587
0.34	8.452	7.644	6.938	6.319	5.775	5.294	4.868	4.489	4.151	3.848	3.575
0.36	8.382	7.585	6.888	6.278	5.740	5.265	4.843	4.468	4.133	3.833	3.562
0.38	8.307	7.522	6.835	6.232	5.702	5.232	4.816	4.445	4.113	3.816	3.548
0.40	8.226	7.453	6.777	6.183	5.660	5.197	4.786	4.419	4.091	3.797	3.532
0.42	8.138	7.379	6.714	6.130	5.615	5.158	4.753	4.391	4.067	3.777	3.515
0.44	8.044	7.299	6.646	6.072	5.565	5.116	4.717	4.360	4.041	3.754	3.495
0.46	7.943	7.212	6.572	6.009	5.511	5.070	4.677	4.326	4.011	3.728	3.473
0.48	7.834	7.119	6.493	5.941	5.453	5.019	4.634	4.289	3.979	3.700	3.449
0.50	7.717	7.019	6.407	5.867	5.389	4.964	4.586	4.247	3.943	3.669	3.422
0.52	7.592	6.912	6.314	5.787	5.320	4.905	4.534	4.202	3.904	3.635	3.392
0.54	7.458	6.796	6.214	5.700	5.245	4.839	4.477	4.152	3.861	3.597	3.359
0.56	7.314	6.672	6.106	5.606	5.163	4.768	4.415	4.098	3.813	3.555	3.322
0.58	7.161	6.538	5.990	5.505	5.074	4.690	4.347	4.038	3.760	3.509	3.281
0.60	6.997	6.395	5.865	5.396	4.978	4.606	4.272	3.972	3.702	3.457	3.235
0.62	6.821	6.242	5.730	5.277	4.874	4.514	4.191	3.900	3.638	3.401	3.185
0.64	6.634	6.077	5.585	5.149	4.761	4.414	4.102	3.821	3.568	3.338	3.129
0.66	6.433	5.900	5.429	5.011	4.638	4.305	4.005	3.735	3.490	3.268	3.066
0.68	6.219	5.711	5.261	4.862	4.505	4.186	3.899	3.639	3.405	3.192	2.997
0.70	5.990	5.508	5.081	4.701	4.361	4.057	3.783	3.535	3.311	3.107	2.921
0.72	5.746	5.290	4.886	4.527	4.205	3.916	3.656	3.421	3.207	3.013	2.835
0.74	5.486	5.057	4.677	4.339	4.036	3.763	3.518	3.295	3.093	2.909	2.741
0.76	5.208	4.808	4.453	4.136	3.852	3.597	3.367	3.158	2.968	2.795	2.636
0.78	4.911	4.540	4.211	3.917	3.653	3.416	3.202	3.007	2.830	2.668	2.520
0.80	4.594	4.254	3.951	3.681	3.438	3.219	3.021	2.842	2.678	2.528	2.391
0.82	4.256	3.947	3.672	3.426	3.205	3.005	2.824	2.660	2.510	2.373	2.248

ε_6 \ λ_1	3.20	3.40	3.60	3.80	4.00	4.20	4.40	4.60	4.80	5.00	5.20
0.84	3.896	3.619	3.372	3.150	2.952	2.772	2.609	2.461	2.326	2.202	2.089
0.86	3.511	3.267	3.049	2.853	2.677	2.519	2.374	2.243	2.123	2.013	1.912
0.88	3.101	2.890	2.702	2.533	2.381	2.243	2.118	2.004	1.900	1.805	1.717
0.90	2.664	2.487	2.329	2.187	2.059	1.943	1.838	1.742	1.654	1.574	1.499
0.92	2.197	2.055	1.927	1.813	1.710	1.617	1.532	1.455	1.384	1.319	1.258
0.94	1.700	1.592	1.496	1.410	1.333	1.262	1.198	1.140	1.086	1.037	0.991
0.96	1.169	1.097	1.033	0.975	0.923	0.876	0.833	0.794	0.758	0.725	0.694
0.98	0.603	0.567	0.535	0.506	0.480	0.457	0.435	0.415	0.397	0.381	0.365
1.00	0.000	0.000	0.000	0.000	0.000	0.000	0.000	0.000	0.000	0.000	0.000

ε_6 \ λ_1	5.50	6.00	6.50	7.00	7.50	8.00	8.50	9.00	9.50	10.00	10.50
0.00	3.279	2.764	2.360	2.037	1.776	1.561	1.384	1.234	1.108	1.000	0.907
0.02	3.279	2.764	2.360	2.037	1.776	1.561	1.384	1.234	1.108	1.000	0.907
0.04	3.278	2.764	2.360	2.037	1.776	1.561	1.383	1.234	1.108	1.000	0.907
0.06	3.277	2.763	2.359	2.037	1.776	1.561	1.383	1.234	1.108	1.000	0.907
0.08	3.276	2.762	2.359	2.036	1.775	1.561	1.383	1.234	1.108	1.000	0.907
0.10	3.275	2.761	2.358	2.036	1.775	1.561	1.383	1.234	1.108	1.000	0.907
0.12	3.273	2.760	2.357	2.036	1.775	1.561	1.383	1.234	1.108	1.000	0.907
0.14	3.270	2.759	2.357	2.035	1.775	1.561	1.383	1.234	1.108	1.000	0.907
0.16	3.268	2.757	2.356	2.035	1.774	1.560	1.383	1.234	1.108	1.000	0.907
0.18	3.264	2.755	2.354	2.034	1.774	1.560	1.383	1.234	1.108	1.000	0.907
0.20	3.261	2.753	2.353	2.033	1.773	1.560	1.382	1.234	1.107	1.000	0.907
0.22	3.256	2.750	2.351	2.032	1.772	1.559	1.382	1.233	1.107	1.000	0.907
0.24	3.252	2.747	2.349	2.030	1.772	1.559	1.382	1.233	1.107	0.999	0.907
0.26	3.246	2.744	2.347	2.029	1.771	1.558	1.381	1.233	1.107	0.999	0.907
0.28	3.240	2.740	2.344	2.027	1.770	1.558	1.381	1.233	1.107	0.999	0.907
0.30	3.233	2.735	2.341	2.025	1.768	1.557	1.380	1.232	1.107	0.999	0.906
0.32	3.225	2.730	2.338	2.023	1.767	1.556	1.380	1.232	1.106	0.999	0.906
0.34	3.216	2.724	2.334	2.021	1.765	1.555	1.379	1.231	1.106	0.999	0.906
0.36	3.206	2.717	2.330	2.018	1.763	1.553	1.378	1.231	1.105	0.998	0.906
0.38	3.195	2.710	2.324	2.014	1.761	1.552	1.377	1.230	1.105	0.998	0.906
0.40	3.182	2.701	2.319	2.010	1.758	1.550	1.376	1.229	1.104	0.998	0.905

ε_6 ＼ λ_1	5.50	6.00	6.50	7.00	7.50	8.00	8.50	9.00	9.50	10.00	10.50
0.42	3.168	2.692	2.312	2.006	1.755	1.547	1.374	1.228	1.104	0.997	0.905
0.44	3.153	2.681	2.305	2.000	1.751	1.545	1.372	1.227	1.103	0.996	0.904
0.46	3.135	2.669	2.296	1.994	1.747	1.542	1.370	1.225	1.101	0.995	0.904
0.48	3.116	2.655	2.286	1.987	1.742	1.538	1.367	1.223	1.100	0.994	0.903
0.50	3.094	2.639	2.275	1.979	1.736	1.534	1.364	1.221	1.098	0.993	0.902
0.52	3.069	2.622	2.262	1.970	1.729	1.529	1.361	1.218	1.096	0.992	0.901
0.54	3.042	2.602	2.248	1.959	1.721	1.523	1.356	1.215	1.094	0.990	0.900
0.56	3.011	2.579	2.231	1.947	1.712	1.516	1.351	1.211	1.091	0.988	0.898
0.58	2.977	2.554	2.212	1.933	1.702	1.508	1.345	1.206	1.088	0.985	0.896
0.60	2.939	2.526	2.191	1.917	1.689	1.499	1.338	1.201	1.083	0.982	0.893
0.62	2.896	2.493	2.167	1.898	1.675	1.488	1.329	1.194	1.078	0.978	0.890
0.64	2.849	2.457	2.139	1.877	1.658	1.475	1.319	1.186	1.072	0.973	0.886
0.66	2.796	2.416	2.107	1.852	1.639	1.460	1.307	1.177	1.064	0.967	0.881
0.68	2.737	2.370	2.071	1.824	1.616	1.442	1.293	1.165	1.055	0.959	0.876
0.70	2.671	2.319	2.030	1.791	1.590	1.421	1.276	1.152	1.044	0.950	0.868
0.72	2.597	2.260	1.983	1.753	1.560	1.396	1.256	1.135	1.031	9.939	0.859
0.74	2.514	2.194	1.930	1.710	1.525	1.367	1.232	1.116	1.014	0.926	0.848
0.76	2.423	2.120	1.869	1.660	1.484	1.333	1.204	1.092	0.995	0.909	0.834
0.78	2.320	2.036	1.800	1.603	1.436	1.294	1.171	1.064	0.971	0.889	0.817
0.80	2.205	1.941	1.722	1.538	1.381	1.247	1.131	1.030	9.942	0.865	0.796
0.82	2.077	1.834	1.632	1.462	1.317	1.192	1.084	0.990	0.908	0.835	0.770
0.84	1.934	1.714	1.530	1.375	1.242	1.128	1.029	0.942	0.866	0.798	0.738
0.86	1.775	1.579	1.414	1.275	1.156	1.053	0.963	0.884	0.815	0.753	0.698
0.88	1.597	1.426	1.282	1.160	1.055	0.964	0.885	0.815	0.754	0.699	0.650
0.90	1.398	1.253	1.131	1.027	0.938	0.860	0.793	0.733	0.680	0.632	0.590
0.92	1.177	1.059	0.960	0.875	0.802	0.739	0.683	0.634	0.590	0.551	0.515
0.94	0.929	0.840	0.764	0.700	0.644	0.596	0.553	0.515	0.481	0.451	0.424
0.96	0.653	0.593	0.542	0.498	0.461	0.428	0.399	0.373	0.350	0.330	0.311
0.98	0.344	0.314	0.289	0.267	0.248	0.231	0.216	0.203	0.192	0.181	0.172
1.00	0.000	0.000	0.000	0.000	0.000	0.000	0.000	0.000	0.000	0.000	0.000

ε_6 ＼ λ_1	11.00	12.00	13.00	14.00	15.00	17.00	19.00	21.00	23.00	25.00	28.00
0.00	0.826	0.694	0.592	0.510	0.444	0.346	0.277	0.227	0.189	0.160	0.128
0.02	0.826	0.694	0.592	0.510	0.444	0.346	0.277	0.227	0.189	0.160	0.128
0.04	0.826	0.694	0.592	0.510	0.444	0.346	0.277	0.227	0.189	0.160	0.128
0.06	0.826	0.694	0.592	0.510	0.444	0.346	0.277	0.227	0.189	0.160	0.128
0.08	0.826	0.694	0.592	0.510	0.444	0.346	0.277	0.227	0.189	0.160	0.128

ε_6 \\ λ_1	11.00	12.00	13.00	14.00	15.00	17.00	19.00	21.00	23.00	25.00	28.00
0.10	0.826	0.694	0.592	0.510	0.444	0.346	0.277	0.227	0.189	0.160	0.128
0.12	0.826	0.694	0.592	0.510	0.444	0.346	0.277	0.227	0.189	0.160	0.128
0.14	0.826	0.694	0.592	0.510	0.444	0.346	0.277	0.227	0.189	0.160	0.128
0.16	0.826	0.694	0.592	0.510	0.444	0.346	0.277	0.227	0.189	0.160	0.128
0.18	0.826	0.694	0.592	0.510	0.444	0.346	0.277	0.227	0.189	0.160	0.128
0.20	0.826	0.694	0.592	0.510	0.444	0.346	0.277	0.227	0.189	0.160	0.128
0.22	0.826	0.694	0.592	0.510	0.444	0.346	0.277	0.227	0.189	0.160	0.128
0.24	0.826	0.694	0.592	0.510	0.444	0.346	0.277	0.227	0.189	0.160	0.128
0.26	0.826	0.694	0.592	0.510	0.444	0.346	0.277	0.227	0.189	0.160	0.128
0.28	0.826	0.694	0.592	0.510	0.444	0.346	0.277	0.227	0.189	0.160	0.128
0.30	0.826	0.694	0.592	0.510	0.444	0.346	0.277	0.227	0.189	0.160	0.128
0.32	0.826	0.694	0.592	0.510	0.444	0.346	0.277	0.227	0.189	0.160	0.128
0.34	0.826	0.694	0.592	0.510	0.444	0.346	0.277	0.227	0.189	0.160	0.128
0.36	0.826	0.694	0.592	0.510	0.444	0.346	0.277	0.227	0.189	0.160	0.128
0.38	0.826	0.694	0.592	0.510	0.444	0.346	0.277	0.227	0.189	0.160	0.128
0.40	0.825	0.694	0.591	0.510	0.444	0.346	0.277	0.227	0.189	0.160	0.128
0.42	0.825	0.694	0.591	0.510	0.444	0.346	0.277	0.227	0.189	0.160	0.128
0.44	0.825	0.694	0.591	0.510	0.444	0.346	0.277	0.227	0.189	0.160	0.128
0.46	0.824	0.693	0.591	0.510	0.444	0.346	0.277	0.227	0.189	0.160	0.128
0.48	0.824	0.693	0.591	0.510	0.444	0.346	0.277	0.227	0.189	0.160	0.128
0.50	0.823	0.693	0.591	0.510	0.444	0.346	0.277	0.227	0.189	0.160	0.128
0.52	0.822	0.692	0.591	0.510	0.444	0.346	0.277	0.227	0.189	0.160	0.128
0.54	0.821	0.692	0.590	0.509	0.444	0.346	0.277	0.227	0.189	0.160	0.128
0.56	0.820	0.691	0.590	0.509	0.444	0.346	0.277	0.227	0.189	0.160	0.128
0.58	0.818	0.690	0.589	0.509	0.444	0.346	0.277	0.227	0.189	0.160	0.128
0.60	0.816	0.689	0.588	0.508	0.443	0.346	0.277	0.227	0.189	0.160	0.128
0.62	0.814	0.687	0.587	0.508	0.443	0.345	0.277	0.227	0.189	0.160	0.128
0.64	0.811	0.685	0.586	0.507	0.442	0.345	0.277	0.227	0.189	0.160	0.128
0.66	0.807	0.683	0.585	0.506	0.442	0.345	0.277	0.227	0.189	0.160	0.128
0.68	0.802	0.680	0.582	0.504	0.441	0.345	0.276	0.226	0.189	0.160	0.128
0.70	0.796	0.675	0.580	0.503	0.440	0.344	0.276	0.226	0.189	0.160	0.128
0.72	0.788	0.670	0.576	0.500	0.438	0.343	0.276	0.226	0.189	0.160	0.128
0.74	0.779	0.664	0.572	0.497	0.435	0.342	0.275	0.226	0.189	0.160	0.127
0.76	0.767	0.655	0.566	0.492	0.432	0.340	0.274	0.225	0.188	0.160	0.127
0.78	0.753	0.645	0.558	0.487	0.428	0.338	0.273	0.225	0.188	0.159	0.127
0.80	0.735	0.631	0.548	0.479	0.422	0.334	0.271	0.223	0.187	0.159	0.127
0.82	0.712	0.614	0.535	0.469	0.415	0.330	0.268	0.222	0.186	0.158	0.127

ε_6 \ λ_1	11.00	12.00	13.00	14.00	15.00	17.00	19.00	21.00	23.00	25.00	28.00
0.84	0.684	0.593	0.518	0.456	0.404	0.323	0.264	0.219	0.184	0.157	0.126
0.86	0.649	0.565	0.496	0.438	0.390	0.314	0.258	0.215	0.181	0.155	0.125
0.88	0.606	0.530	0.467	0.415	0.371	0.301	0.249	0.209	0.177	0.152	0.123
0.90	0.551	0.485	0.430	0.384	0.345	0.283	0.236	0.199	0.170	0.147	0.120
0.92	0.484	0.429	0.383	0.344	0.311	0.257	0.216	0.184	0.159	0.138	0.114
0.94	0.399	0.356	0.320	0.290	0.264	0.221	0.188	0.162	0.141	0.124	0.104
0.96	0.294	0.265	0.240	0.219	0.201	0.171	0.147	0.129	0.114	0.101	0.086
0.98	0.163	0.148	0.135	0.125	0.115	0.100	0.088	0.078	0.070	0.063	0.055
1.00	0.000	0.000	0.000	0.000	0.000	0.000	0.000	0.000	0.000	0.000	0.000

3.2.65 双肢墙的等效刚度倒三角形荷载 A_0（×1/10）值表

表 3-65 　　　　双肢墙的等效刚度倒三角形荷载 A_0（×1/10）值表

λ_1	A_0	λ_1	A_0	λ_1	A_0
1.00	7.208	2.20	3.561	3.40	1.946
1.05	7.010	2.25	3.462	3.45	1.903
1.10	6.814	2.30	3.367	3.50	1.862
1.15	6.521	2.35	3.276	3.55	1.822
1.20	6.431	2.40	3.188	3.60	1.783
1.25	6.244	2.45	3.103	3.65	1.746
1.30	6.062	2.50	3.021	3.70	1.709
1.35	5.883	2.55	2.942	3.75	1.674
1.40	5.710	2.60	2.865	3.80	1.639
1.45	5.540	2.65	2.792	3.85	1.606
1.50	5.376	2.70	2.721	3.90	1.574
1.55	5.216	2.75	2.652	3.95	1.542
1.60	5.061	2.80	2.586	4.00	1.512
1.65	4.911	2.85	2.522	4.05	1.482
1.70	4.766	2.90	2.460	4.10	1.454
1.75	4.626	2.95	2.401	4.15	1.426
1.80	4.490	3.00	2.343	4.20	1.398
1.85	4.359	3.05	2.287	4.25	1.372
1.90	4.232	3.10	2.234	4.30	1.346
1.95	4.110	3.15	2.182	4.40	1.297
2.00	3.992	3.20	2.131	4.50	1.250
2.05	3.878	3.25	2.083	4.60	1.206
2.10	3.769	3.30	2.036	4.70	1.164
2.15	3.663	3.35	1.990	4.80	1.125

λ_1	A_0	λ_1	A_0	λ_1	A_0
4.90	1.087	8.00	0.465	13.60	0.175
5.00	1.051	8.10	0.455	13.80	0.170
5.10	1.017	8.20	0.445	14.00	0.166
5.20	0.984	8.30	0.435	14.20	0.161
5.30	0.953	8.40	0.426	14.40	0.157
5.40	0.923	8.50	0.417	14.60	0.153
5.50	0.895	8.60	0.408	14.80	0.149
5.60	0.868	8.80	0.392	15.00	0.146
5.70	0.842	9.00	0.376	15.20	0.142
5.80	0.817	9.20	0.361	15.50	0.137
5.90	0.794	9.40	0.347	16.00	0.129
6.00	0.771	9.60	0.334	16.50	0.122
6.10	0.750	9.80	0.322	17.00	0.115
6.20	0.729	10.00	0.310	17.50	0.109
6.30	0.709	10.20	0.299	18.00	0.103
6.40	0.690	10.40	0.289	18.50	0.098
6.50	0.671	10.60	0.279	19.00	0.093
6.60	0.654	10.80	0.269	19.50	0.088
6.70	0.637	11.00	0.260	20.00	0.084
6.80	0.620	11.20	0.252	20.50	0.080
6.90	0.605	11.40	0.244	21.00	0.077
7.00	0.589	11.60	0.236	22.00	0.070
7.10	0.575	11.80	0.228	23.00	0.064
7.20	0.561	12.00	0.221	24.00	0.059
7.30	0.547	12.20	0.215	25.00	0.055
7.40	0.534	12.40	0.208	26.00	0.051
7.50	0.522	12.60	0.202	27.00	0.047
7.60	0.510	12.80	0.196	28.00	0.044
7.70	0.498	13.00	0.191	29.00	0.041
7.80	0.487	13.20	0.185	30.00	0.038
7.90	0.476	13.40	0.180	31.00	0.036

3.2.66 双肢墙的等效刚度水平均布荷载 A_0（×1/10）值表

表 3－66   双肢墙的等效刚度水平均布荷载 A_0（×1/10）值表

λ_1	A_0	λ_1	A_0	λ_1	A_0
1.00	7.228	2.35	3.317	3.70	1.750
1.05	7.031	2.40	3.229	3.75	1.715
1.10	6.837	2.45	3.144	3.80	1.680
1.15	6.644	2.50	3.063	3.85	1.647
1.20	6.456	2.55	2.984	3.90	1.614
1.25	6.270	2.60	2.907	3.95	1.583
1.30	6.089	2.65	2.834	4.00	1.552
1.35	5.912	2.70	2.763	4.05	1.522
1.40	5.739	2.75	2.695	4.10	1.493
1.45	5.571	2.80	2.628	4.15	1.465
1.50	5.407	2.85	2.565	4.20	1.438
1.55	5.249	2.90	2.503	4.25	1.411
1.60	5.095	2.95	2.443	4.30	1.385
1.65	4.945	3.00	2.386	4.40	1.335
1.70	4.801	3.05	2.330	4.50	1.288
1.75	4.661	3.10	2.276	4.60	1.244
1.80	4.526	3.15	2.224	4.70	1.201
1.85	4.396	3.20	2.174	4.80	1.161
1.90	4.270	3.25	2.125	4.90	1.123
1.95	4.148	3.30	2.078	5.00	1.086
2.00	4.031	3.35	2.032	5.10	1.052
2.05	3.917	3.40	1.988	5.20	1.019
2.10	3.808	3.45	1.945	5.30	0.987
2.15	3.703	3.50	1.904	5.40	0.957
2.20	3.601	3.55	1.864	5.50	0.928
2.25	3.503	3.60	1.825	5.60	0.901
2.30	3.408	3.65	1.787	5.70	0.874

λ_1	A_0	λ_1	A_0	λ_1	A_0
5.80	0.849	8.60	0.430	14.20	0.172
5.90	0.825	8.80	0.412	14.40	0.168
6.00	0.802	9.00	0.396	14.60	0.164
6.10	0.780	9.20	0.381	14.80	0.160
6.20	0.759	9.40	0.367	15.00	0.156
6.30	0.738	9.60	0.353	15.20	0.152
6.40	0.719	9.80	0.340	15.50	0.146
6.50	0.700	10.00	0.328	16.00	0.138
6.60	0.682	10.20	0.316	16.50	0.130
6.70	0.665	10.40	0.306	17.00	0.123
6.80	0.648	10.60	0.295	17.50	0.117
6.90	0.632	10.80	0.285	18.00	0.111
7.00	0.616	11.00	0.276	18.50	0.105
7.10	0.601	11.20	0.267	19.00	0.100
7.20	0.587	11.40	0.259	19.50	0.095
7.30	0.573	11.60	0.250	20.00	0.090
7.40	0.560	11.80	0.243	20.50	0.086
7.50	0.547	12.00	0.235	21.00	0.082
7.60	0.534	12.20	0.228	22.00	0.075
7.70	0.522	12.40	0.222	23.00	0.069
7.80	0.510	12.60	0.215	24.00	0.064
7.90	0.499	12.80	0.209	25.00	0.059
8.00	0.488	13.00	0.203	26.00	0.055
8.10	0.478	13.20	0.197	27.00	0.051
8.20	0.467	13.40	0.192	28.00	0.048
8.30	0.458	13.60	0.187	29.00	0.044
8.40	0.448	13.80	0.182	30.00	0.042
8.50	0.439	14.00	0.177	31.00	0.039

3.2.67 双肢墙的等效刚度顶部集中荷载 A_0（×1/10）值表

表 3 - 67 　　　　　双肢墙的等效刚度顶部集中荷载 A_0（×1/10）值表

λ_1	A_0	λ_1	A_0	λ_1	A_0
1.00	7.152	2.70	2.605	4.50	1.152
1.05	6.950	2.75	2.536	4.60	1.110
1.10	6.751	2.80	2.470	4.70	1.069
1.15	6.554	2.85	2.406	4.80	1.031
1.20	6.360	2.90	2.345	4.90	0.995
1.25	6.170	2.95	2.285	5.00	0.960
1.30	5.985	3.00	2.228	5.10	0.927
1.35	5.803	3.05	2.172	5.20	0.896
1.40	5.627	3.10	2.119	5.30	0.860
1.45	5.455	3.15	2.067	5.40	0.838
1.50	5.228	3.20	2.017	5.50	0.811
1.55	5.125	3.25	1.969	5.60	0.786
1.60	4.968	3.30	1.992	5.70	0.761
1.65	4.816	3.35	1.877	5.80	0.738
1.70	4.669	3.40	1.834	5.90	0.716
1.75	4.526	3.45	1.791	6.00	0.694
1.80	4.389	3.50	1.751	6.10	0.674
1.85	4.256	3.55	1.711	6.20	0.655
1.90	4.128	3.60	1.673	6.30	0.636
1.95	4.004	3.65	1.636	6.40	0.618
2.00	3.885	3.70	1.600	6.50	0.601
2.05	3.770	3.75	1.565	6.60	0.584
2.10	3.659	3.80	1.531	6.70	0.569
2.15	3.552	3.85	1.499	6.80	0.553
2.20	3.449	3.90	1.467	6.90	0.539
2.25	3.350	3.95	1.436	7.00	0.525
2.30	3.254	4.00	1.407	7.10	0.511
2.35	3.162	4.05	1.378	7.20	0.498
2.40	3.074	4.10	1.350	7.30	0.486
2.45	2.988	4.15	1.322	7.40	0.474
2.50	2.906	4.20	1.296	7.50	0.462
2.55	2.826	4.25	1.270	7.60	0.451
2.60	2.750	4.30	1.245	7.70	0.440
2.65	2.676	4.40	1.198	7.80	0.430

λ_1	A_0	λ_1	A_0	λ_1	A_0
7.90	0.420	11.40	0.211	16.00	0.110
8.00	0.410	11.60	0.204	16.50	0.104
8.10	0.401	11.80	0.197	17.00	0.098
8.20	0.392	12.00	0.191	17.50	0.092
8.30	0.383	12.20	0.185	18.00	0.087
8.40	0.375	12.40	0.179	18.50	0.083
8.50	0.366	12.60	0.174	19.00	0.079
8.60	0.358	12.80	0.169	19.50	0.075
8.80	0.343	13.00	0.164	20.00	0.071
9.00	0.329	13.20	0.159	20.50	0.068
9.20	0.316	13.40	0.155	21.00	0.065
9.40	0.303	13.60	0.150	22.00	0.059
9.60	0.292	13.80	0.146	23.00	0.054
9.80	0.280	14.00	0.142	24.00	0.050
10.00	0.270	14.20	0.138	25.00	0.046
10.20	0.260	14.40	0.135	26.00	0.043
10.40	0.251	14.60	0.131	27.00	0.040
10.60	0.242	14.80	0.128	28.00	0.037
10.80	0.233	15.00	0.124	29.00	0.034
11.00	0.225	15.20	0.121	30.00	0.032
11.20	0.218	15.50	0.117	31.00	0.030

3.2.68 连续分布倒三角形荷载 (φ/ε) 值表

表 3-68   连续分布倒三角形荷载 (φ/ε) 值表

ξ ╲ λ	1.00	1.05	1.10	1.15	1.20	1.25	1.30	1.35	1.40	1.45	1.50
1.00	0.171	0.166	0.160	0.155	0.150	0.144	0.139	0.134	0.130	0.125	0.120
0.98	0.171	0.166	0.160	0.155	0.150	0.144	0.139	0.134	0.130	0.125	0.120
0.96	0.171	0.166	0.160	0.155	0.150	0.144	0.139	0.135	0.130	0.125	0.121
0.94	0.171	0.166	0.160	0.155	0.150	0.145	0.140	0.135	0.130	0.125	0.121
0.92	0.172	0.166	0.161	0.155	0.150	0.145	0.140	0.135	0.130	0.126	0.121
0.90	0.172	0.166	0.161	0.156	0.150	0.145	0.140	0.135	0.130	0.126	0.121
0.88	0.172	0.166	0.161	0.156	0.151	0.145	0.140	0.136	0.131	0.126	0.122

ξ \ λ	1.00	1.05	1.10	1.15	1.20	1.25	1.30	1.35	1.40	1.45	1.50
0.86	0.172	0.167	0.161	0.156	0.151	0.146	0.141	0.136	0.131	0.127	0.122
0.84	0.172	0.167	0.161	0.156	0.151	0.146	0.141	0.136	0.131	0.127	0.122
0.82	0.172	0.167	0.162	0.156	0.151	0.146	0.141	0.136	0.132	0.127	0.123
0.80	0.172	0.167	0.162	0.156	0.151	0.146	0.141	0.137	0.132	0.128	0.123
0.78	0.172	0.167	0.162	0.156	0.151	0.146	0.142	0.137	0.132	0.128	0.124
0.76	0.172	0.167	0.161	0.156	0.151	0.147	0.142	0.137	0.133	0.128	0.124
0.74	0.172	0.166	0.161	0.156	0.151	0.147	0.142	0.137	0.133	0.128	0.124
0.72	0.171	0.166	0.161	0.156	0.151	0.146	0.142	0.137	0.133	0.128	0.124
0.70	0.171	0.166	0.161	0.156	0.151	0.146	0.142	0.137	0.133	0.128	0.124
0.68	0.170	0.165	0.160	0.155	0.151	0.146	0.141	0.137	0.133	0.128	0.124
0.66	0.169	0.164	0.159	0.155	0.150	0.145	0.141	0.137	0.132	0.128	0.124
0.64	0.168	0.163	0.159	0.154	0.149	0.145	0.140	0.136	0.132	0.128	0.124
0.62	0.167	0.162	0.158	0.153	0.149	0.144	0.140	0.136	0.131	0.127	0.124
0.60	0.166	0.161	0.157	0.152	0.148	0.143	0.139	0.135	0.131	0.127	0.123
0.58	0.164	0.160	0.155	0.151	0.147	0.142	0.138	0.134	0.130	0.126	0.122
0.56	0.163	0.158	0.154	0.149	0.145	0.141	0.137	0.133	0.129	0.125	0.122
0.54	0.161	0.156	0.152	0.148	0.144	0.140	0.136	0.132	0.128	0.124	0.121
0.52	0.159	0.154	0.150	0.146	0.142	0.138	0.134	0.130	0.127	0.123	0.120
0.50	0.156	0.152	0.148	0.144	0.140	0.136	0.132	0.129	0.125	0.122	0.118
0.48	0.154	0.150	0.146	0.142	0.138	0.134	0.131	0.127	0.123	0.120	0.117
0.46	0.151	0.147	0.143	0.139	0.136	0.132	0.128	0.125	0.122	0.118	0.115
0.44	0.148	0.144	0.140	0.137	0.133	0.130	0.126	0.123	0.119	0.116	0.113
0.42	0.144	0.141	0.137	0.134	0.130	0.127	0.123	0.120	0.117	0.114	0.111
0.40	0.141	0.137	0.134	0.130	0.127	0.124	0.121	0.117	0.114	0.111	0.109
0.38	0.137	0.133	0.130	0.127	0.124	0.121	0.118	0.115	0.112	0.109	0.106
0.36	0.133	0.129	0.126	0.123	0.120	0.117	0.114	0.111	0.108	0.106	0.103
0.34	0.128	0.125	0.122	0.119	0.116	0.113	0.111	0.108	0.105	0.103	0.100
0.32	0.123	0.120	0.118	0.115	0.112	0.109	0.107	0.104	0.101	0.099	0.097
0.30	0.118	0.115	0.113	0.110	0.108	0.105	0.102	0.100	0.098	0.095	0.093
0.28	0.113	0.110	0.108	0.105	0.103	0.100	0.098	0.096	0.093	0.091	0.089
0.26	0.107	0.105	0.102	0.100	0.098	0.095	0.093	0.091	0.089	0.087	0.085
0.24	0.101	0.099	0.096	0.094	0.092	0.090	0.088	0.086	0.084	0.082	0.080
0.22	0.094	0.092	0.090	0.088	0.086	0.085	0.083	0.081	0.079	0.077	0.075
0.20	0.088	0.086	0.084	0.082	0.080	0.079	0.077	0.075	0.074	0.072	0.070
0.18	0.081	0.079	0.077	0.076	0.074	0.072	0.071	0.069	0.068	0.066	0.065
0.16	0.073	0.072	0.070	0.069	0.067	0.066	0.064	0.063	0.062	0.060	0.059
0.14	0.065	0.064	0.063	0.061	0.060	0.059	0.058	0.056	0.055	0.054	0.053

ξ \ λ	1.00	1.05	1.10	1.15	1.20	1.25	1.30	1.35	1.40	1.45	1.50
0.12	0.057	0.056	0.055	0.054	0.053	0.052	0.050	0.049	0.048	0.047	0.046
0.10	0.049	0.048	0.047	0.046	0.045	0.044	0.043	0.042	0.041	0.040	0.040
0.08	0.040	0.039	0.038	0.037	0.037	0.036	0.035	0.034	0.034	0.033	0.032
0.06	0.030	0.030	0.029	0.029	0.028	0.027	0.027	0.026	0.026	0.025	0.025
0.04	0.021	0.020	0.020	0.019	0.019	0.019	0.018	0.018	0.018	0.017	0.017
0.02	0.010	0.010	0.010	0.010	0.010	0.010	0.009	0.009	0.009	0.009	0.009
0.00	0.000	0.000	0.000	0.000	0.000	0.000	0.000	0.000	0.000	0.000	0.000

ξ \ λ	1.55	1.60	1.65	1.70	1.75	1.80	1.85	1.90	1.95	2.00	2.05
1.00	0.116	0.112	0.108	0.104	0.100	0.096	0.093	0.089	0.086	0.083	0.080
0.98	0.116	0.112	0.108	0.104	0.100	0.096	0.093	0.089	0.086	0.083	0.080
0.96	0.116	0.112	0.108	0.104	0.100	0.096	0.093	0.089	0.086	0.083	0.080
0.94	0.116	0.112	0.108	0.104	0.100	0.097	0.093	0.090	0.086	0.083	0.080
0.92	0.117	0.112	0.108	0.104	0.101	0.097	0.093	0.090	0.087	0.084	0.081
0.90	0.117	0.113	0.109	0.105	0.101	0.097	0.094	0.091	0.087	0.084	0.081
0.88	0.117	0.113	0.109	0.105	0.101	0.098	0.094	0.091	0.088	0.085	0.082
0.86	0.118	0.114	0.110	0.106	0.102	0.098	0.095	0.092	0.088	0.085	0.082
0.84	0.118	0.114	0.110	0.106	0.102	0.099	0.095	0.092	0.089	0.086	0.083
0.82	0.119	0.115	0.111	0.107	0.103	0.099	0.096	0.093	0.089	0.086	0.083
0.80	0.119	0.115	0.111	0.107	0.103	0.100	0.096	0.093	0.090	0.087	0.084
0.78	0.119	0.115	0.111	0.108	0.104	0.100	0.097	0.094	0.091	0.088	0.085
0.76	0.120	0.116	0.112	0.108	0.104	0.101	0.098	0.094	0.091	0.088	0.085
0.74	0.120	0.116	0.112	0.108	0.105	0.101	0.098	0.095	0.092	0.089	0.086
0.72	0.120	0.116	0.112	0.109	0.105	0.102	0.098	0.095	0.092	0.089	0.086
0.70	0.120	0.116	0.113	0.109	0.105	0.102	0.099	0.096	0.093	0.090	0.087
0.68	0.120	0.116	0.113	0.109	0.106	0.102	0.099	0.096	0.093	0.090	0.087
0.66	0.120	0.116	0.113	0.109	0.106	0.103	0.099	0.096	0.093	0.090	0.088
0.64	0.120	0.116	0.113	0.109	0.106	0.103	0.099	0.096	0.093	0.091	0.088
0.62	0.120	0.116	0.113	0.109	0.106	0.103	0.099	0.096	0.094	0.091	0.088
0.60	0.119	0.116	0.112	0.109	0.106	0.102	0.099	0.096	0.094	0.091	0.088
0.58	0.119	0.115	0.112	0.109	0.105	0.102	0.099	0.096	0.094	0.091	0.088
0.56	0.118	0.115	0.111	0.108	0.105	0.102	0.099	0.096	0.093	0.091	0.088
0.54	0.117	0.114	0.111	0.107	0.104	0.101	0.098	0.096	0.093	0.090	0.088
0.52	0.116	0.113	0.110	0.107	0.104	0.101	0.098	0.095	0.092	0.090	0.087
0.50	0.115	0.112	0.109	0.106	0.103	0.100	0.097	0.094	0.092	0.089	0.087
0.48	0.114	0.110	0.107	0.104	0.102	0.099	0.096	0.093	0.091	0.089	0.086
0.46	0.112	0.109	0.106	0.103	0.100	0.098	0.095	0.092	0.090	0.088	0.085

ξ \ λ	1.55	1.60	1.65	1.70	1.75	1.80	1.85	1.90	1.95	2.00	2.05
0.44	0.110	0.107	0.104	0.101	0.099	0.096	0.094	0.091	0.089	0.087	0.084
0.42	0.108	0.105	0.102	0.100	0.097	0.095	0.092	0.090	0.088	0.085	0.083
0.40	0.106	0.103	0.100	0.098	0.095	0.093	0.090	0.088	0.086	0.084	0.082
0.38	0.103	0.101	0.098	0.096	0.093	0.091	0.089	0.086	0.084	0.082	0.080
0.36	0.100	0.098	0.096	0.093	0.091	0.089	0.086	0.084	0.082	0.080	0.078
0.34	0.097	0.095	0.093	0.090	0.088	0.086	0.084	0.082	0.080	0.078	0.076
0.32	0.094	0.092	0.090	0.088	0.085	0.083	0.081	0.080	0.078	0.076	0.074
0.30	0.091	0.089	0.086	0.084	0.082	0.080	0.079	0.077	0.075	0.073	0.072
0.28	0.087	0.085	0.083	0.081	0.079	0.077	0.076	0.074	0.072	0.071	0.069
0.26	0.083	0.081	0.079	0.077	0.075	0.074	0.072	0.071	0.069	0.067	0.066
0.24	0.078	0.077	0.075	0.073	0.072	0.070	0.068	0.067	0.066	0.064	0.063
0.22	0.074	0.072	0.071	0.069	0.067	0.066	0.065	0.063	0.062	0.061	0.059
0.20	0.069	0.067	0.066	0.064	0.063	0.062	0.060	0.059	0.058	0.057	0.056
0.18	0.063	0.062	0.061	0.059	0.058	0.057	0.056	0.055	0.054	0.052	0.051
0.16	0.058	0.057	0.055	0.054	0.053	0.052	0.051	0.050	0.049	0.048	0.047
0.14	0.052	0.051	0.050	0.049	0.048	0.047	0.046	0.045	0.044	0.043	0.042
0.12	0.046	0.045	0.044	0.043	0.042	0.041	0.040	0.040	0.039	0.038	0.037
0.10	0.039	0.038	0.037	0.037	0.036	0.035	0.035	0.034	0.033	0.033	0.032
0.08	0.032	0.031	0.031	0.030	0.029	0.029	0.028	0.028	0.027	0.027	0.026
0.06	0.024	0.024	0.024	0.023	0.023	0.022	0.022	0.021	0.021	0.021	0.020
0.04	0.017	0.016	0.016	0.016	0.015	0.015	0.015	0.015	0.014	0.014	0.014
0.02	0.009	0.008	0.008	0.008	0.008	0.008	0.008	0.008	0.007	0.007	0.007
0.00	0.000	0.000	0.000	0.000	0.000	0.000	0.000	0.000	0.000	0.000	0.000

ξ \ λ	2.10	2.15	2.20	2.25	2.30	2.35	2.40	2.45	2.50	2.55	2.60
1.00	0.077	0.074	0.071	0.069	0.066	0.064	0.062	0.059	0.057	0.055	0.053
0.98	0.077	0.074	0.071	0.069	0.066	0.064	0.062	0.060	0.057	0.055	0.053
0.96	0.077	0.074	0.072	0.069	0.067	0.064	0.062	0.060	0.058	0.056	0.054
0.94	0.077	0.075	0.072	0.069	0.067	0.064	0.062	0.060	0.058	0.056	0.054
0.92	0.078	0.075	0.072	0.070	0.067	0.065	0.063	0.060	0.058	0.056	0.054
0.90	0.078	0.075	0.073	0.070	0.068	0.065	0.063	0.061	0.059	0.057	0.055
0.88	0.079	0.076	0.073	0.071	0.068	0.066	0.064	0.061	0.059	0.057	0.055
0.86	0.079	0.077	0.074	0.071	0.069	0.067	0.064	0.062	0.060	0.058	0.056
0.84	0.080	0.077	0.075	0.072	0.070	0.067	0.065	0.063	0.061	0.059	0.057
0.82	0.081	0.078	0.075	0.073	0.070	0.068	0.066	0.063	0.061	0.059	0.057
0.80	0.081	0.078	0.076	0.073	0.071	0.069	0.066	0.064	0.062	0.060	0.058
0.78	0.082	0.079	0.076	0.074	0.072	0.069	0.067	0.065	0.063	0.061	0.059

ξ \ λ	2.10	2.15	2.20	2.25	2.30	2.35	2.40	2.45	2.50	2.55	2.60
0.76	0.082	0.080	0.077	0.075	0.072	0.070	0.068	0.066	0.064	0.062	0.060
0.74	0.083	0.080	0.078	0.075	0.073	0.071	0.068	0.066	0.064	0.062	0.060
0.72	0.084	0.081	0.078	0.076	0.074	0.071	0.069	0.067	0.065	0.063	0.061
0.70	0.084	0.081	0.079	0.077	0.074	0.072	0.070	0.068	0.066	0.064	0.062
0.68	0.085	0.082	0.079	0.077	0.075	0.073	0.070	0.068	0.066	0.064	0.063
0.66	0.085	0.082	0.080	0.078	0.075	0.073	0.071	0.069	0.067	0.065	0.063
0.64	0.085	0.083	0.080	0.078	0.076	0.074	0.071	0.069	0.067	0.066	0.064
0.62	0.086	0.083	0.081	0.078	0.076	0.074	0.072	0.070	0.068	0.066	0.064
0.60	0.086	0.083	0.081	0.079	0.076	0.074	0.072	0.070	0.068	0.066	0.065
0.58	0.086	0.083	0.081	0.079	0.077	0.074	0.072	0.070	0.069	0.067	0.065
0.56	0.086	0.083	0.081	0.079	0.077	0.075	0.073	0.071	0.069	0.067	0.065
0.54	0.085	0.083	0.081	0.079	0.077	0.075	0.073	0.071	0.069	0.067	0.065
0.52	0.085	0.083	0.081	0.078	0.076	0.074	0.073	0.071	0.069	0.067	0.065
0.50	0.085	0.082	0.080	0.078	0.076	0.074	0.072	0.070	0.069	0.067	0.065
0.48	0.084	0.082	0.080	0.078	0.076	0.074	0.072	0.070	0.068	0.067	0.065
0.46	0.083	0.081	0.079	0.077	0.075	0.073	0.071	0.070	0.068	0.066	0.065
0.44	0.082	0.080	0.078	0.076	0.074	0.073	0.071	0.069	0.068	0.066	0.064
0.42	0.081	0.079	0.077	0.075	0.074	0.072	0.070	0.068	0.067	0.065	0.064
0.40	0.080	0.078	0.076	0.074	0.072	0.071	0.069	0.068	0.066	0.065	0.063
0.38	0.078	0.076	0.075	0.073	0.071	0.070	0.068	0.066	0.065	0.064	0.062
0.36	0.077	0.075	0.073	0.071	0.070	0.068	0.067	0.065	0.064	0.062	0.061
0.34	0.075	0.073	0.071	0.070	0.068	0.067	0.065	0.064	0.062	0.061	0.060
0.32	0.072	0.071	0.069	0.068	0.066	0.065	0.063	0.062	0.061	0.060	0.058
0.30	0.070	0.069	0.067	0.066	0.064	0.063	0.061	0.060	0.059	0.058	0.057
0.28	0.067	0.066	0.065	0.063	0.062	0.061	0.059	0.058	0.057	0.056	0.055
0.26	0.065	0.063	0.062	0.061	0.059	0.058	0.057	0.056	0.055	0.054	0.053
0.24	0.061	0.060	0.059	0.058	0.057	0.055	0.054	0.053	0.052	0.051	0.050
0.22	0.058	0.057	0.056	0.055	0.054	0.052	0.051	0.050	0.050	0.049	0.048
0.20	0.054	0.053	0.052	0.051	0.050	0.049	0.048	0.047	0.047	0.046	0.045
0.18	0.050	0.049	0.048	0.048	0.047	0.046	0.045	0.044	0.043	0.042	0.042
0.16	0.046	0.045	0.044	0.044	0.043	0.042	0.041	0.040	0.040	0.039	0.038
0.14	0.042	0.041	0.040	0.039	0.039	0.038	0.037	0.037	0.036	0.035	0.035
0.12	0.037	0.036	0.035	0.035	0.034	0.034	0.033	0.032	0.032	0.031	0.031
0.10	0.031	0.031	0.030	0.030	0.029	0.029	0.028	0.028	0.027	0.027	0.026
0.08	0.026	0.025	0.025	0.025	0.024	0.024	0.023	0.023	0.023	0.022	0.022
0.06	0.020	0.020	0.019	0.019	0.019	0.018	0.018	0.018	0.018	0.017	0.017
0.04	0.014	0.013	0.013	0.013	0.013	0.013	0.012	0.012	0.012	0.012	0.012
0.02	0.007	0.007	0.007	0.007	0.007	0.007	0.006	0.006	0.006	0.006	0.006
0.00	0.000	0.000	0.000	0.000	0.000	0.000	0.000	0.000	0.000	0.000	0.000

注　$\dfrac{\varphi}{\varepsilon}=\dfrac{2}{\lambda^2}\left[\omega\mathrm{sh}\lambda\xi+\beta(1-\mathrm{ch}\lambda\xi)-\dfrac{\lambda\xi^2}{2}\right]$，在 λ 值一定情况下，依次地给出不同的 ξ 值，即可算出 φ/ε 值。

3.2.69 连续分布倒三角形荷载（V_f/F_{Ek}）值表

表 3-69　　　　　　　连续分布倒三角形荷载（V_f/F_{Ek}）值表

ξ \ λ	1.00	1.05	1.10	1.15	1.20	1.25	1.30	1.35	1.40	1.45	1.50
1.00	0.171	0.183	0.194	0.205	0.215	0.226	0.235	0.245	0.254	0.263	0.271
0.98	0.171	0.183	0.194	0.205	0.215	0.226	0.235	0.245	0.254	0.263	0.271
0.96	0.171	0.183	0.194	0.205	0.216	0.226	0.236	0.245	0.254	0.263	0.271
0.94	0.171	0.183	0.194	0.205	0.216	0.226	0.236	0.245	0.255	0.263	0.272
0.92	0.172	0.183	0.194	0.205	0.216	0.226	0.236	0.246	0.255	0.264	0.272
0.90	0.172	0.183	0.195	0.206	0.216	0.227	0.237	0.246	0.256	0.265	0.273
0.88	0.172	0.184	0.195	0.206	0.217	0.227	0.237	0.247	0.256	0.265	0.274
0.86	0.172	0.184	0.195	0.206	0.217	0.228	0.238	0.248	0.257	0.266	0.275
0.84	0.172	0.184	0.195	0.206	0.217	0.228	0.238	0.248	0.258	0.267	0.276
0.82	0.172	0.184	0.195	0.207	0.218	0.228	0.239	0.249	0.258	0.268	0.276
0.80	0.172	0.184	0.195	0.207	0.218	0.229	0.239	0.249	0.259	0.268	0.277
0.78	0.172	0.184	0.195	0.207	0.218	0.229	0.239	0.250	0.259	0.269	0.278
0.76	0.172	0.184	0.195	0.207	0.218	0.229	0.240	0.250	0.260	0.269	0.279
0.74	0.172	0.183	0.195	0.207	0.218	0.229	0.240	0.250	0.260	0.270	0.279
0.72	0.171	0.183	0.195	0.206	0.218	0.229	0.240	0.250	0.260	0.270	0.280
0.70	0.171	0.183	0.194	0.206	0.217	0.228	0.239	0.250	0.260	0.270	0.280
0.68	0.170	0.182	0.194	0.205	0.217	0.228	0.239	0.250	0.260	0.270	0.280
0.66	0.169	0.181	0.193	0.205	0.216	0.227	0.238	0.249	0.259	0.270	0.279
0.64	0.168	0.180	0.192	0.204	0.215	0.226	0.237	0.248	0.259	0.269	0.279
0.62	0.167	0.179	0.191	0.203	0.214	0.225	0.236	0.247	0.258	0.268	0.278
0.60	0.166	0.178	0.189	0.201	0.213	0.224	0.235	0.246	0.256	0.267	0.277
0.58	0.164	0.176	0.188	0.200	0.211	0.222	0.233	0.244	0.255	0.265	0.276
0.56	0.163	0.174	0.186	0.198	0.209	0.220	0.231	0.242	0.253	0.264	0.274
0.54	0.161	0.172	0.184	0.196	0.207	0.218	0.229	0.240	0.251	0.261	0.272
0.52	0.159	0.170	0.182	0.193	0.204	0.216	0.227	0.238	0.248	0.259	0.269
0.50	0.156	0.168	0.179	0.190	0.202	0.213	0.224	0.235	0.245	0.256	0.266
0.48	0.154	0.165	0.176	0.188	0.199	0.210	0.221	0.231	0.242	0.252	0.263
0.46	0.151	0.162	0.173	0.184	0.195	0.206	0.217	0.228	0.238	0.249	0.259
0.44	0.148	0.159	0.170	0.181	0.192	0.202	0.213	0.224	0.234	0.244	0.254
0.42	0.144	0.155	0.166	0.177	0.187	0.198	0.209	0.219	0.229	0.240	0.250
0.40	0.141	0.151	0.162	0.172	0.183	0.193	0.204	0.214	0.224	0.234	0.244
0.38	0.137	0.147	0.157	0.168	0.178	0.188	0.199	0.209	0.219	0.229	0.238
0.36	0.133	0.143	0.153	0.163	0.173	0.183	0.193	0.203	0.213	0.222	0.232
0.34	0.128	0.138	0.148	0.157	0.167	0.177	0.187	0.196	0.206	0.216	0.225
0.32	0.123	0.133	0.142	0.152	0.161	0.171	0.180	0.190	0.199	0.208	0.217

ξ \ λ	1.00	1.05	1.10	1.15	1.20	1.25	1.30	1.35	1.40	1.45	1.50
0.30	0.118	0.127	0.136	0.146	0.155	0.164	0.173	0.182	0.191	0.200	0.209
0.28	0.113	0.121	0.130	0.139	0.148	0.157	0.166	0.174	0.183	0.192	0.200
0.26	0.107	0.115	0.124	0.132	0.141	0.149	0.157	0.166	0.174	0.182	0.191
0.24	0.101	0.109	0.117	0.125	0.133	0.141	0.149	0.157	0.165	0.173	0.181
0.22	0.094	0.102	0.109	0.117	0.124	0.132	0.140	0.147	0.155	0.162	0.170
0.20	0.088	0.095	0.102	0.109	0.116	0.123	0.130	0.137	0.144	0.151	0.158
0.18	0.081	0.087	0.093	0.100	0.107	0.113	0.120	0.126	0.133	0.139	0.146
0.16	0.073	0.079	0.085	0.091	0.097	0.103	0.109	0.115	0.121	0.127	0.133
0.14	0.065	0.071	0.076	0.081	0.087	0.092	0.097	0.103	0.108	0.114	0.119
0.12	0.057	0.062	0.066	0.071	0.076	0.081	0.085	0.090	0.095	0.100	0.105
0.10	0.049	0.052	0.056	0.060	0.065	0.069	0.073	0.077	0.081	0.085	0.089
0.08	0.040	0.043	0.046	0.049	0.053	0.056	0.059	0.063	0.066	0.070	0.073
0.06	0.030	0.033	0.035	0.038	0.040	0.043	0.046	0.048	0.051	0.053	0.056
0.04	0.021	0.022	0.024	0.026	0.027	0.029	0.031	0.033	0.035	0.036	0.038
0.02	0.010	0.011	0.012	0.013	0.014	0.015	0.016	0.017	0.018	0.019	0.020
0.00	0.000	0.000	0.000	0.000	0.000	0.000	0.000	0.000	0.000	0.000	0.000

ξ \ λ	1.55	1.60	1.65	1.70	1.75	1.80	1.85	1.90	1.95	2.00	2.05
1.00	0.317	0.322	0.327	0.331	0.335	0.279	0.286	0.293	0.300	0.306	0.312
0.98	0.317	0.322	0.327	0.331	0.335	0.279	0.286	0.293	0.300	0.306	0.312
0.96	0.318	0.323	0.328	0.332	0.336	0.279	0.286	0.294	0.300	0.306	0.312
0.94	0.319	0.324	0.329	0.333	0.337	0.280	0.287	0.294	0.301	0.307	0.313
0.92	0.320	0.325	0.330	0.335	0.339	0.280	0.288	0.295	0.302	0.308	0.314
0.90	0.321	0.327	0.332	0.336	0.341	0.281	0.289	0.296	0.303	0.309	0.316
0.88	0.323	0.328	0.334	0.338	0.343	0.282	0.290	0.297	0.304	0.311	0.317
0.86	0.325	0.330	0.336	0.341	0.345	0.283	0.291	0.298	0.306	0.312	0.319
0.84	0.326	0.332	0.338	0.343	0.348	0.284	0.292	0.300	0.307	0.314	0.320
0.82	0.328	0.334	0.340	0.345	0.350	0.285	0.293	0.301	0.308	0.315	0.322
0.80	0.330	0.336	0.342	0.348	0.353	0.286	0.294	0.302	0.310	0.317	0.324
0.78	0.332	0.338	0.344	0.350	0.356	0.287	0.295	0.303	0.311	0.318	0.325
0.76	0.334	0.340	0.347	0.352	0.358	0.288	0.296	0.304	0.312	0.320	0.327
0.74	0.335	0.342	0.349	0.355	0.361	0.288	0.297	0.305	0.313	0.321	0.328
0.72	0.337	0.344	0.350	0.357	0.363	0.289	0.298	0.306	0.314	0.322	0.330
0.70	0.338	0.345	0.352	0.359	0.365	0.289	0.298	0.307	0.315	0.232	0.331
0.68	0.339	0.346	0.353	0.360	0.367	0.289	0.298	0.307	0.315	0.324	0.332
0.66	0.340	0.347	0.355	0.362	0.368	0.289	0.298	0.307	0.316	0.324	0.332
0.64	0.340	0.348	0.355	0.363	0.369	0.289	0.298	0.307	0.316	0.324	0.332

ξ \ λ	1.55	1.60	1.65	1.70	1.75	1.80	1.85	1.90	1.95	2.00	2.05
0.62	0.340	0.348	0.356	0.363	0.370	0.288	0.297	0.306	0.315	0.324	0.332
0.60	0.340	0.348	0.356	0.363	0.371	0.287	0.296	0.306	0.315	0.323	0.332
0.58	0.340	0.348	0.356	0.363	0.371	0.285	0.295	0.304	0.314	0.323	0.331
0.56	0.338	0.347	0.355	0.363	0.370	0.284	0.293	0.303	0.312	0.321	0.330
0.54	0.337	0.345	0.353	0.361	0.369	0.282	0.291	0.301	0.310	0.319	0.328
0.52	0.335	0.343	0.352	0.360	0.368	0.279	0.289	0.298	0.308	0.317	0.326
0.50	0.332	0.341	0.349	0.357	0.365	0.276	0.286	0.296	0.305	0.314	0.323
0.48	0.329	0.338	0.346	0.354	0.362	0.273	0.283	0.292	0.302	0.311	0.320
0.46	0.325	0.334	0.342	0.351	0.359	0.269	0.279	0.288	0.298	0.307	0.316
0.44	0.321	0.329	0.338	0.346	0.355	0.264	0.274	0.284	0.293	0.303	0.312
0.42	0.315	0.324	0.333	0.341	0.350	0.260	0.269	0.279	0.288	0.297	0.307
0.40	0.310	0.318	0.327	0.335	0.344	0.254	0.264	0.273	0.283	0.292	0.301
0.38	0.303	0.312	0.320	0.329	0.337	0.248	0.258	0.267	0.276	0.285	0.294
0.36	0.296	0.304	0.313	0.321	0.330	0.241	0.251	0.260	0.269	0.278	0.287
0.34	0.288	0.296	0.305	0.313	0.321	0.234	0.243	0.253	0.261	0.270	0.279
0.32	0.279	0.287	0.295	0.304	0.312	0.226	0.235	0.244	0.253	0.262	0.270
0.30	0.269	0.277	0.285	0.293	0.301	0.218	0.227	0.235	0.244	0.252	0.261
0.28	0.258	0.266	0.274	0.282	0.290	0.209	0.217	0.226	0.234	0.242	0.250
0.26	0.247	0.255	0.262	0.270	0.277	0.199	0.207	0.215	0.223	0.231	0.239
0.24	0.234	0.242	0.249	0.257	0.264	0.188	0.196	0.204	0.212	0.219	0.227
0.22	0.221	0.228	0.235	0.242	0.249	0.177	0.185	0.192	0.199	0.207	0.214
0.20	0.207	0.213	0.220	0.227	0.233	0.165	0.172	0.179	0.186	0.193	0.200
0.18	0.191	0.197	0.204	0.210	0.216	0.152	0.159	0.165	0.172	0.178	0.185
0.16	0.175	0.180	0.186	0.192	0.198	0.139	0.145	0.151	0.157	0.163	0.169
0.14	0.157	0.162	0.168	0.173	0.178	0.125	0.130	0.135	0.141	0.146	0.152
0.12	0.138	0.143	0.148	0.152	0.157	0.109	0.114	0.119	0.124	0.129	0.133
0.10	0.118	0.122	0.126	0.131	0.135	0.093	0.098	0.102	0.106	0.110	0.114
0.08	0.097	0.101	0.104	0.107	0.111	0.077	0.080	0.083	0.087	0.090	0.094
0.06	0.075	0.077	0.080	0.083	0.085	0.059	0.061	0.064	0.067	0.069	0.072
0.04	0.051	0.053	0.055	0.057	0.059	0.040	0.042	0.044	0.046	0.047	0.049
0.02	0.026	0.027	0.028	0.029	0.030	0.021	0.021	0.022	0.023	0.024	0.025
0.00	0.000	0.000	0.000	0.000	0.000	0.000	0.000	0.000	0.000	0.000	0.000

ξ \ λ	2.10	2.15	2.20	2.25	2.30	2.35	2.40	2.45	2.50	2.55	2.60
1.00	0.339	0.342	0.345	0.348	0.351	0.353	0.355	0.357	0.358	0.360	0.361
0.98	0.339	0.343	0.346	0.349	0.351	0.353	0.355	0.357	0.359	0.360	0.361
0.96	0.340	0.343	0.347	0.349	0.352	0.354	0.357	0.358	0.360	0.361	0.363

ξ \ λ	2.10	2.15	2.20	2.25	2.30	2.35	2.40	2.45	2.50	2.55	2.60
0.94	0.341	0.345	0.348	0.351	0.354	0.356	0.358	0.360	0.362	0.364	0.365
0.92	0.343	0.347	0.350	0.353	0.356	0.358	0.361	0.363	0.365	0.366	0.368
0.90	0.345	0.349	0.352	0.355	0.358	0.361	0.363	0.366	0.368	0.369	0.371
0.88	0.347	0.351	0.355	0.358	0.361	0.364	0.367	0.369	0.371	0.373	0.375
0.86	0.350	0.354	0.358	0.361	0.364	0.367	0.370	0.373	0.375	0.377	0.379
0.84	0.352	0.357	0.361	0.364	0.368	0.371	0.374	0.377	0.379	0.382	0.384
0.82	0.355	0.360	0.364	0.368	0.371	0.375	0.378	0.381	0.384	0.386	0.388
0.80	0.358	0.363	0.367	0.371	0.375	0.379	0.382	0.385	0.388	0.391	0.393
0.78	0.361	0.366	0.370	0.375	0.379	0.382	0.386	0.390	0.393	0.396	0.399
0.76	0.363	0.369	0.373	0.378	0.382	0.386	0.390	0.394	0.397	0.401	0.404
0.74	0.366	0.371	0.376	0.381	0.386	0.390	0.394	0.398	0.402	0.405	0.409
0.72	0.369	0.374	0.379	0.384	0.389	0.394	0.398	0.402	0.406	0.410	0.414
0.70	0.371	0.377	0.382	0.387	0.392	0.397	0.402	0.406	0.410	0.414	0.418
0.68	0.373	0.379	0.385	0.390	0.395	0.400	0.405	0.410	0.414	0.419	0.423
0.66	0.375	0.381	0.387	0.393	0.398	0.403	0.408	0.413	0.418	0.423	0.427
0.64	0.378	0.383	0.389	0.395	0.400	0.406	0.411	0.416	0.421	0.426	0.431
0.62	0.377	0.384	0.390	0.396	0.402	0.408	0.414	0.419	0.424	0.429	0.434
0.60	0.378	0.385	0.391	0.398	0.404	0.410	0.416	0.421	0.427	0.432	0.437
0.58	0.378	0.385	0.392	0.398	0.405	0.411	0.417	0.423	0.429	0.434	0.439
0.56	0.378	0.385	0.392	0.399	0.405	0.412	0.418	0.424	0.430	0.436	0.441
0.54	0.377	0.384	0.391	0.398	0.405	0.412	0.418	0.424	0.430	0.436	0.442
0.52	0.375	0.383	0.390	0.397	0.404	0.411	0.418	0.424	0.430	0.437	0.443
0.50	0.373	0.381	0.388	0.396	0.403	0.410	0.416	0.423	0.430	0.436	0.442
0.48	0.370	0.378	0.386	0.393	0.400	0.408	0.415	0.421	0.428	0.434	0.441
0.46	0.367	0.375	0.382	0.390	0.397	0.405	0.412	0.419	0.426	0.432	0.439
0.44	0.363	0.371	0.378	0.386	0.394	0.401	0.408	0.415	0.422	0.429	0.436
0.42	0.358	0.366	0.374	0.381	0.389	0.396	0.404	0.411	0.418	0.425	0.432
0.40	0.352	0.360	0.368	0.376	0.383	0.391	0.398	0.405	0.412	0.419	0.426
0.38	0.345	0.353	0.361	0.369	0.377	0.384	0.392	0.399	0.406	0.413	0.420
0.36	0.338	0.346	0.354	0.361	0.369	0.377	0.384	0.391	0.399	0.406	0.413
0.34	0.329	0.337	0.345	0.353	0.360	0.368	0.375	0.383	0.390	0.397	0.404
0.32	0.320	0.327	0.335	0.343	0.350	0.358	0.365	0.373	0.380	0.387	0.394
0.30	0.309	0.317	0.325	0.332	0.340	0.347	0.354	0.361	0.369	0.376	0.383
0.28	0.298	0.305	0.313	0.320	0.327	0.335	0.342	0.349	0.356	0.363	0.370
0.26	0.285	0.292	0.300	0.307	0.314	0.321	0.328	0.335	0.342	0.349	0.356
0.24	0.271	0.278	0.285	0.292	0.299	0.306	0.313	0.320	0.326	0.333	0.340
0.22	0.256	0.263	0.270	0.276	0.283	0.290	0.296	0.303	0.309	0.316	0.322

ξ＼λ	2.10	2.15	2.20	2.25	2.30	2.35	2.40	2.45	2.50	2.55	2.60
0.20	0.240	0.246	0.253	0.259	0.266	0.272	0.278	0.285	0.291	0.297	0.303
0.18	0.222	0.228	0.235	0.241	0.247	0.253	0.259	0.265	0.270	0.276	0.282
0.16	0.204	0.209	0.215	0.221	0.226	0.232	0.237	0.243	0.248	0.254	0.259
0.14	0.183	0.189	0.194	0.199	0.204	0.209	0.214	0.219	0.225	0.230	0.235
0.12	0.162	0.166	0.171	0.176	0.180	0.185	0.190	0.194	0.199	0.203	0.208
0.10	0.139	0.143	0.147	0.151	0.155	0.159	0.163	0.167	0.171	0.175	0.179
0.08	0.114	0.118	0.121	0.124	0.128	0.131	0.135	0.138	0.141	0.145	0.148
0.06	0.088	0.091	0.093	0.096	0.099	0.101	0.104	0.107	0.109	0.112	0.115
0.04	0.060	0.062	0.064	0.066	0.068	0.070	0.072	0.073	0.075	0.077	0.079
0.02	0.031	0.032	0.033	0.034	0.035	0.036	0.037	0.038	0.039	0.040	0.041
0.00	0.000	0.000	0.000	0.000	0.000	0.000	0.000	0.000	0.000	0.000	0.000

注　$\dfrac{V_f}{F_{Ek}}=\dfrac{2}{\lambda}\left[\omega\,\mathrm{sh}\lambda\xi+\beta(1-\mathrm{ch}\lambda\xi)-\dfrac{\lambda\xi^2}{2}\right]$，依次给定 ξ 和 λ 值，便可算出倒三角形荷载的框架剪力 V_f 与结构底部剪力 F_{Ek} 的比值。

4

多层砌体房屋和底部
框架砌体房屋

4.1 公式速查

4.1.1 底部加强部位截面的组合剪力设计值

配筋混凝土小砌块抗震墙承载力计算时，底部加强部位截面的组合剪力设计值应按下列规定调整：

$$V = \eta_{vw} V_w$$

式中　V——抗震墙底部加强部位截面组合的剪力设计值；

　　　V_w——抗震墙底部加强部位截面组合的剪力计算值；

　　　η_{vw}——剪力增大系数，一级取 1.6，二级取 1.4，三级取 1.2，四级取 1.0。

4.1.2 配筋混凝土小型空心砌块抗震墙截面组合的剪力设计值

配筋混凝土小型空心砌块抗震墙截面组合的剪力设计值，应符合下列要求：

1. 剪跨比大于 2

$$V \leqslant \frac{1}{\gamma_{RE}}(0.1 f_g bh)$$

式中　f_g——灌孔小砌块砌体抗压强度设计值；

　　　b——抗震墙截面宽度；

　　　h——抗震墙截面高度；

　　　γ_{RE}——承载力抗震调整系数，取 0.85。

2. 剪跨比不大于 2

$$V \leqslant \frac{1}{\gamma_{RE}}(0.15 f_g bh)$$

式中　f_g——灌孔小砌块砌体抗压强度设计值；

　　　b——抗震墙截面宽度；

　　　h——抗震墙截面高度；

　　　γ_{RE}——承载力抗震调整系数，取 0.85。

4.1.3 偏心受压配筋混凝土小型空心砌块抗震墙截面受剪承载力计算

偏心受压配筋混凝土小型空心砌块抗震墙截面受剪承载力，应按下列公式验算：

$$V \leqslant \frac{1}{\gamma_{RE}}\left[\frac{1}{\lambda - 0.5}(0.48 f_{gv} bh_0 + 0.1N) + 0.72 f_{yh}\frac{A_{sh}}{s}h_0\right]$$

$$0.5V \leqslant \frac{1}{\gamma_{RE}}\left(0.72 f_{yh}\frac{A_{sh}}{s}h_0\right)$$

式中　N——抗震墙组合的轴向压力设计值，当 $N > 0.2 f_g bh$ 时，取 $N = 0.2 f_g bh$；

　　　λ——计算截面处的剪跨比，取 $\lambda = M/Vh_0$；小于 1.5 时取 1.5，大于 2.2 时取 2.2；

f_{gv}——灌孔小砌块砌体抗剪强度设计值；$f_{gv}=0.2f_g^{0.55}$；

A_{sh}——同一截面的水平钢筋截面面积；

s——水平分布筋间距；

f_{yh}——水平分布筋抗拉强度设计值；

b——抗震墙截面宽度；

h_0——抗震墙截面有效高度；

γ_{RE}——承载力抗震调整系数，取 0.85。

4.1.4 大偏心受拉配筋混凝土小型空心砌块抗震墙斜截面受剪承载力计算

在多遇地震作用组合下，配筋混凝土小型空心砌块抗震墙的墙肢不应出现小偏心受拉。大偏心受拉配筋混凝土小型空心砌块抗震墙，其斜截面受剪承载力应按下列公式计算：

$$V \leqslant \frac{1}{\gamma_{RE}} \left[\frac{1}{\lambda-0.5}(0.48f_{gv}bh_0-0.17N)+0.72f_{yh}\frac{A_{sh}}{s}h_0 \right]$$

$$0.5V \leqslant \frac{1}{\gamma_{RE}} \left(0.72f_{yh}\frac{A_{sh}}{s}h_0 \right)$$

当 $0.48f_gbh_0-0.17N\leqslant0$ 时，取 $0.48f_gbh_0-0.17N=0$

式中　N——抗震墙组合的轴向拉力设计值；

　　　λ——计算截面处的剪跨比，取 $\lambda=M/Vh_0$；小于 1.5 时取 1.5，大于 2.2 时取 2.2；

　　f_{gv}——灌孔小砌块砌体抗剪强度设计值；$f_{gv}=0.2f_g^{0.55}$；

　　A_{sh}——同一截面的水平钢筋截面面积；

　　　s——水平分布筋间距；

　　f_{yh}——水平分布筋抗拉强度设计值；

　　　b——抗震墙截面宽度；

　　　h_0——抗震墙截面有效高度；

　　γ_{RE}——承载力抗震调整系数，取 0.85。

4.1.5 配筋混凝土小型空心砌块砌体连梁斜截面受剪承载力计算

抗震墙采用配筋混凝土小型空心砌块砌体连梁时，应符合下列要求：

1）连梁的截面应满足下式的要求：

$$V \leqslant \frac{1}{\gamma_{RE}}(0.15f_gbh_0)$$

式中　f_g——灌孔小砌块砌体抗压强度设计值；

　　　b——抗震墙截面宽度；

　　　h_0——抗震墙截面有效高度；

　　γ_{RE}——承载力抗震调整系数，取 0.85。

2）连梁的斜截面受剪承载力应按下式计算：

$$V \leqslant \frac{1}{\gamma_{RE}}\left(0.6f_g bh_0 + 0.7f_{yv}\frac{A_{sv}}{s}h_0\right)$$

式中　f_g——灌孔小砌块砌体抗压强度设计值；

　　　b——抗震墙截面宽度；

　　　h_0——抗震墙截面有效高度；

　　　γ_{RE}——承载力抗震调整系数，取 0.85；

　　　A_{sv}——配置在同一截面内的箍筋各肢的全部截面面积；

　　　s——水平分布筋间距；

　　　f_{yv}——箍筋的抗拉强度设计值。

4.1.6　砌体沿阶梯形截面破坏的抗震抗剪强度设计值

各类砌体沿阶梯形截面破坏的抗震抗剪强度设计值，应按下式确定：

$$f_{vE} = \zeta_N f_v$$

式中　f_{vE}——砌体沿阶梯形截面破坏的抗震抗剪强度设计值；

　　　f_v——非抗震设计的砌体抗剪强度设计值；

　　　ζ_N——砌体抗震抗剪强度的正应力影响系数，应按表 4-13 采用。

4.1.7　普通砖、多孔砖墙体的截面抗震受剪承载力计算

普通砖、多孔砖墙体的截面抗震受剪承载力，应按下列规定验算：

1）一般情况下，应按下式验算：

$$V \leqslant f_{vE}A/\gamma_{RE}$$

式中　V——墙体剪力设计值；

　　　f_{vE}——砖砌体沿阶梯形截面破坏的抗震抗剪强度设计值；

　　　A——墙体横截面面积，多孔砖取毛截面面积；

　　　γ_{RE}——承载力抗震调整系数，承重墙按表 2-12 采用，自承重墙按 0.75 采用。

2）采用水平配筋的墙体，应按下式验算：

$$V \leqslant \frac{1}{\gamma_{RE}}(f_{vE}A + \zeta_s f_{yh}A_{sh})$$

式中　V——墙体剪力设计值；

　　　f_{vE}——砖砌体沿阶梯形截面破坏的抗震抗剪强度设计值；

　　　A——墙体横截面面积，多孔砖取毛截面面积；

　　　γ_{RE}——承载力抗震调整系数，承重墙按表 2-12 采用，自承重墙按 0.75 采用；

　　　f_{yh}——水平钢筋抗拉强度设计值；

　　　A_{sh}——层间墙体竖向截面的总水平钢筋面积，其配筋率应不小于 0.07% 且不大于 0.17%；

　　　ζ_s——钢筋参与工作系数，可按表 4-14 采用。

3）按1）、2）中公式验算不满足要求时，可计入基本均匀设置于墙段中部、截面不小于240mm×240mm（墙厚190mm时为240mm×190mm）且间距不大于4m的构造柱对受剪承载力的提高作用，按下列简化方法验算：

$$V \leqslant \frac{1}{\gamma_{RE}}[\eta_c f_{vE}(A-A_c)+\zeta_c f_t A_c+0.08 f_{yc}A_{sc}+\zeta_s f_{yh}A_{sh}]$$

式中　A_c——中部构造柱的横截面总面积（对横墙和内纵墙，$A_c>0.15A$ 时，取 0.15A；对外纵墙，$A_c>0.25A$ 时，取 0.25A）；

　　　f_t——中部构造柱的混凝土轴心抗拉强度设计值；

　　　A_{sc}——中部构造柱的纵向钢筋截面总面积（配筋率不小于0.6%，大于1.4% 时取1.4%）；

f_{yh}、f_{yc}——墙体水平钢筋、构造柱钢筋抗拉强度设计值；

　　　ζ_c——中部构造柱参与工作系数，居中设一根时取0.5，多于一根时取0.4；

　　　η_c——墙体约束修正系数，一般情况取1.0，构造柱间距不大于3.0m时取1.1；

　　　A_{sh}——层间墙体竖向截面的总水平钢筋面积，无水平钢筋时取0.0；

　　　f_{vE}——砖砌体沿阶梯形截面破坏的抗震抗剪强度设计值；

　　　A——墙体横截面面积，多孔砖取毛截面面积；

　　　γ_{RE}——承载力抗震调整系数，承重墙按表2-12采用，自承重墙按0.75采用；

　　　ζ_s——钢筋参与工作系数，可按表4-14采用。

4.1.8　小砌块墙体的截面抗震受剪承载力计算

小砌块墙体的截面抗震受剪承载力，应按下式验算：

$$V \leqslant \frac{1}{\gamma_{RE}}[f_{vE}A+(0.3f_t A_c+0.05f_y A_s)\zeta_c]$$

式中　f_t——芯柱混凝土轴心抗拉强度设计值；

　　　A_c——芯柱截面总面积；

　　　A_s——芯柱钢筋截面总面积；

　　　f_y——芯柱钢筋抗拉强度设计值；

　　　ζ_c——芯柱参与工作系数，可按表4-15采用；

　　　f_{vE}——砖砌体沿阶梯形截面破坏的抗震抗剪强度设计值；

　　　A——墙体横截面面积，多孔砖取毛截面面积；

　　　γ_{RE}——承载力抗震调整系数，承重墙按表2-12采用，自承重墙按0.75采用。

4.1.9　底层框架-抗震墙砌体房屋中嵌砌于框架之间的普通砖或小砌块砌体墙的抗震验算

底层框架-抗震墙砌体房屋中嵌砌于框架之间的普通砖或小砌块的砌体墙，当符合《建筑抗震设计规范》（GB 50011—2010）第7.5.4条、第7.5.5条的构造要求时，其抗震验算应符合下列规定：

1）底层框架柱的轴向力和剪力，应计入砖墙或小砌块墙引起的附加轴向力和附加剪力，其值可按下列公式确定：

$$N_f = V_w H_f / l$$
$$V_f = V_w$$

式中　V_w——墙体承担的剪力设计值，柱两侧有墙时可取二者的较大值；

　　　　N_f——框架柱的附加轴压力设计值；

　　　　V_f——框架柱的附加剪力设计值；

　　　H_f、l——框架的层高和跨度。

2）嵌砌于框架之间的普通砖墙或小砌块墙及两端框架柱，其抗震受剪承载力应按下式验算：

$$V \leqslant \frac{1}{\gamma_{REc}} \sum (M_{yc}^u + M_{yc}^l)/H_0 + \frac{1}{\gamma_{REw}} \sum f_{vE} A_{w0}$$

式中　V——嵌砌普通砖墙或小砌块墙及两端框架柱剪力设计值；

　　　A_{w0}——砖墙或小砌块墙水平截面的计算面积，无洞口时取实际截面的 1.25 倍，有洞口时取截面净面积，但不计入宽度小于洞口高度 1/4 的墙肢截面面积；

　M_{yc}^u、M_{yc}^l——底层框架柱上下端的正截面受弯承载力设计值，可按现行国家标准《混凝土结构设计规范》（GB 50010—2010）非抗震设计的有关公式取等号计算；

　　　f_{vE}——砖砌体沿阶梯形截面破坏的抗震抗剪强度设计值；

　　　H_0——底层框架柱的计算高度，两侧均有砌体墙时取柱净高的 2/3，其余情况取柱净高；

　　　γ_{REc}——底层框架柱承载力抗震调整系数，可采用 0.8；

　　　γ_{REw}——嵌砌普通砖墙或小砌块墙承载力抗震调整系数，可采用 0.9。

4.2　数据速查

4.2.1　配筋混凝土小型空心砌块抗震墙房屋适用的最大高度

表 4-1　　　　配筋混凝土小型空心砌块抗震墙房屋适用的最大高度　　　　（单位：m）

最小墙厚/mm	房屋抗震烈度					
	6	7		8		9
	0.05g	0.10g	0.15g	0.20g	0.30g	0.40g
190	60	55	45	40	30	24

注　1. 房屋高度超过表内高度时，应进行专门研究和论证，采取有效的加强措施。

　　2. 某层或几层开间大于 6.0m 以上的房间建筑面积占相应层建筑面积 40% 以上时，表中数据相应减少 6m。

　　3. 房屋高度指室外地面到主要屋面板板顶的高度（不包括局部突出屋顶部分）。

4.2.2 配筋混凝土小型空心砌块抗震墙房屋的最大高宽比

表 4-2 配筋混凝土小型空心砌块抗震墙房屋的最大高宽比

抗震烈度	6	7	8	9
最大高宽比	4.5	4.0	3.0	2.0

注 房屋的平面布置和竖向布置不规则时应适当减小最大高宽比。

4.2.3 配筋混凝土小型空心砌块抗震墙房屋的抗震等级

表 4-3 配筋混凝土小型空心砌块抗震墙房屋的抗震等级

抗震烈度	6		7		8		9
高度/m	≤24	>24	≤24	>24	≤24	>24	≤24
抗震等级	四	三	三	二	二	一	一

注 接近或等于高度分界时，可结合房屋不规则程度及场地、地基条件确定抗震等级。

4.2.4 配筋混凝土小型空心砌块抗震横墙的最大间距

表 4-4 配筋混凝土小型空心砌块抗震横墙的最大间距

抗震烈度	6	7	8	9
最大间距/m	15	15	11	7

4.2.5 配筋混凝土小型空心砌块抗震墙横向分布钢筋构造要求

表 4-5 配筋混凝土小型空心砌块抗震墙横向分布钢筋构造要求

抗震等级	最小配筋率（%）		最大间距/mm	最小直径/mm
	一般部位	加强部位		
一	0.13	0.15	400	$\phi 8$
二	0.13	0.13	600	$\phi 8$
三	0.11	0.13	600	$\phi 6$
四	0.10	0.10	600	$\phi 6$

注 9度时配筋率不应小于0.2%；在顶层和底部加强部位，最大间距不应大于400mm。

4.2.6 配筋混凝土小型空心砌块抗震墙竖向分布钢筋构造要求

表 4-6 配筋混凝土小型空心砌块抗震墙竖向分布钢筋构造要求

抗震等级	最小配筋率（%）		最大间距/mm	最小直径/mm
	一般部位	加强部位		
一	0.15	0.15	400	$\phi 12$
二	0.13	0.13	600	$\phi 12$
三	0.11	0.13	600	$\phi 12$
四	0.10	0.10	600	$\phi 12$

注 抗震烈度为9度时配筋率不应小于0.2%；在顶层和底部加强部位，最大间距应适当减小。

4.2.7 抗震墙边缘构件的配筋要求

表 4－7 抗震墙边缘构件的配筋要求

抗震等级	每孔竖向钢筋最小配筋量		水平箍筋最小直径	水平箍筋最大间距
	底部加强部位	一般部位		
一	$1\phi20$	$1\phi18$	$\phi8$	200mm
二	$1\phi18$	$1\phi16$	$\phi6$	200mm
三	$1\phi16$	$1\phi14$	$\phi6$	200mm
四	$1\phi14$	$1\phi12$	$\phi6$	200mm

注　1. 边缘构件水平箍筋宜采用搭接点焊网片形式。

　　2. 一、二、三级时，边缘构件箍筋应采用不低于 HRB335 级的热轧钢筋。

　　3. 二级轴压比大于 0.3 时，底部加强部位水平箍筋的最小直径不应小于 8mm。

4.2.8 房屋的层数和总高度限值

表 4－8　　　　　　　　　房屋的层数和总高度限值　　　　　　　（单位：m）

房　屋　类　型		最小抗震墙厚度/mm	抗震烈度和设计基本地震加速度										
			6		7				8				9
			0.05g		0.10g		0.15g		0.20g		0.30g		0.40g
			高度	层数	高度	层数	高度	层数	高度	层数	高度	层数	高度	层数
多层砌体房屋	普通砖	240	21	7	21	7	21	7	18	6	15	5	12	4
	多孔砖	240	21	7	21	7	18	6	18	6	15	5	9	3
	多孔砖	190	21	7	18	6	15	5	15	5	12	4	—	—
	小砌块	190	21	7	21	7	18	6	18	6	15	5	9	3
底部框架-抗震墙房屋	普通砖、多孔砖	240	22	7	22	7	19	6	16	5	—	—	—	—
	多孔砖	190	22	7	19	6	16	5	13	4	—	—	—	—
	小砌块	190	22	7	22	7	19	6	16	5	—	—	—	—

注　1. 房屋的总高度指室外地面到主要屋面板板顶或檐口的高度，半地下室从地下室室内地面算起，全地下室和嵌固条件好的半地下室应允许从室外地面算起；对带阁楼的坡屋面应算到山尖墙的 1/2 高度处。

　　2. 室内外高差大于 0.6m 时，房屋总高度应允许比表中的数据适当增加，但增加量应少于 1.0m。

　　3. 乙类的多层砌体房屋仍按本地区设防抗震烈度查表，其层数应减少一层且总高度应降低 3m；不应采用底部框架-抗震墙砌体房屋。

　　4. 本表小砌块砌体房屋不包括配筋混凝土小型空心砌块砌体房屋。

4.2.9 房屋最大高宽比

表 4 - 9   **房屋最大高宽比**

抗震烈度	6	7	8	9
最大高宽比	2.5	2.5	2	1.5

注 1. 单面走廊房屋的总宽度不包括走廊宽度。

    2. 建筑平面接近正方形时，其高宽比宜适当减小。

4.2.10 房屋抗震横墙的间距

表 4 - 10   **房屋抗震横墙的间距**   （单位：m）

房屋类别		烈度			
		6	7	8	9
多层砌体房屋	现浇或装配整体式钢筋混凝土楼、屋盖	15	15	11	7
	装配式钢筋混凝土楼、屋盖	11	11	9	4
	木屋盖	9	9	4	—
底部框架-抗震墙房屋	上部各层	同多层砌体房屋			
	底层或底部两层	18	15	11	—

注 1. 多层砌体房屋的顶层，除木屋盖外的最大横墙间距应允许适当放宽，但应采取相应加强措施。

    2. 多孔砖抗震横墙厚度为190mm时，最大横墙间距应比表中数值减少3m。

4.2.11 房屋的局部尺寸限值

表 4 - 11   **房屋的局部尺寸限值**   （单位：m）

房屋部位	房屋抗震烈度			
	6	7	8	9
承重窗间墙最小宽度	1.0	1.0	1.2	1.5
承重外墙尽端至门窗洞边的最小距离	1.0	1.0	1.2	1.5
非承重外墙尽端至门窗洞边的最小距离	1.0	1.0	1.0	1.0
内墙阳角至门窗洞边的最小距离	1.0	1.0	1.5	2.0
无锚固女儿墙（非出入口处）的最大高度	0.5	0.5	0.5	0.0

注 1. 局部尺寸不足时，应采取局部加强措施弥补，且最小宽度不宜小于1/4层高和表列数据的80%。

    2. 出入口处的女儿墙应有锚固。

4.2.12 墙段洞口影响系数

表 4 - 12   **墙段洞口影响系数**

开洞率	0.10	0.20	0.50
影响系数	0.98	0.94	0.88

注 1. 开洞率为洞口水平截面积与墙段水平毛截面积之比，相邻洞口之间净宽小于500mm的墙段视为洞口。

    2. 洞口中线偏离墙段中线大于墙段长度的1/4时，表中影响系数值折减0.9；门洞的洞顶高度大于层高80%时，表中数据不适用；窗洞高度大于50%层高时，按门洞对待。

4.2.13 砌体强度的正应力影响系数

表 4-13　　　　　　　　　　砌体强度的正应力影响系数

砌体类别	σ_0/f_v							
	0.0	1.0	3.0	5.0	7.0	10.0	12.0	≥16.0
普通砖，多孔砖	0.80	0.99	1.25	1.47	1.65	1.90	2.05	—
小砌块	—	1.23	1.69	2.15	2.57	3.02	3.32	3.92

注　σ_0/f_v 为对应于重力荷载代表值的砌体截面平均压应力。

4.2.14 钢筋参与工作系数 ζ_s

表 4-14　　　　　　　　　　钢筋参与工作系数 ζ_s

墙体高厚比	0.4	0.6	0.8	1.0	1.2
ζ_s	0.10	0.12	0.14	0.15	0.12

4.2.15 芯柱参与工作系数 ζ_c

表 4-15　　　　　　　　　　芯柱参与工作系数 ζ_c

填孔率 ρ	$\rho<0.15$	$0.15\leqslant\rho<0.25$	$0.25\leqslant\rho<0.5$	$\rho\geqslant0.5$
ζ_c	0.0	1.0	1.10	1.15

注　填孔率指芯柱根数（含构造柱和填实孔洞数量）与孔洞总数之比。

4.2.16 多层砖砌体房屋构造柱设置要求

表 4-16　　　　　　　　　　多层砖砌体房屋构造柱设置要求

房 屋 层 数				设 置 部 位	
6	7	8	9		
四、五	三、四	二、三		楼、电梯间四角、楼梯斜梯段上下端对应的墙体处 外墙四角和对应转角 错层部位横墙与外纵墙交接处 较大洞口两侧	隔12m或单元横墙与外纵墙交接处 楼梯间对应的另一侧内横墙与外纵墙交接处
六	五	四	二		隔开间横墙（轴线）与外墙交接处 山墙与内纵墙交接处
七	≥六	≥五	≥三		内墙（轴线）与外墙交接处 内横墙的局部较小墙垛处 内纵墙与横墙（轴线）交接处

注　较大洞口，内墙指不小于2.1m的洞口；外墙在内外墙交接处已设置构造柱时应允许适当放宽，但洞侧墙体应加强。

4.2.17 多层砖砌体房屋现梁钢筋混凝土圈梁设置要求

表 4-17 多层砖砌体房屋现浇钢筋混凝土圈梁设置要求

墙 类	抗 震 烈 度		
	6、7	8	9
外墙和内纵墙	屋盖处及每层楼盖处	屋盖处及每层楼盖处	屋盖处及每层楼盖处
内横墙	同上 屋盖处间距不应大于 4.5m 楼盖处间距不应大于 7.2m 构造柱对应部位	同上 各层所有横墙，且间距不应大于 4.5m 构造柱对应部位	同上 各层所有横墙

4.2.18 多层砖砌体房屋圈梁配筋要求

表 4-18 多层砖砌体房屋圈梁配筋要求

配 筋	抗 震 烈 度		
	6、7	8	9
最小纵筋	4φ10	4φ12	4φ14
箍筋最大间距/mm	250	200	150

4.2.19 增设构造柱的纵筋和箍筋设置要求

表 4-19 增设构造柱的纵筋和箍筋设置要求

位置	纵 向 钢 筋			箍 筋		
	最大配筋率/%	最小配筋率/%	最小直径/mm	加密区范围/mm	加密区间距/mm	最小直径/mm
角柱	1.8	0.8	14	全高	100	6
边柱			14	上端 700		
中柱	1.4	0.6	12	下端 500		

4.2.20 多层小砌块房屋芯柱设置要求

表 4-20 多层小砌块房屋芯柱设置要求

房 屋 层 数				设 置 部 位	设 置 数 量
抗 震 烈 度					
6	7	8	9		
四、五	三、四	二、三		外墙转角，楼、电梯间四角、楼梯斜梯段上下端对应的墙体处 大房间内外墙交接处 错层部位横墙与外纵墙交接处 隔 12m 或单元横墙与外纵墙交接处	外墙转角，灌实 3 个孔 内外墙交接处，灌实 4 个孔 楼梯斜梯段上下端对应的墙体处，灌实 2 个孔
六	五	四		同上 隔开间横墙（轴线）与外纵墙交接处	

房 屋 层 数				设 置 部 位	设 置 数 量
抗 震 烈 度					
6	7	8	9		
七	六	五	二	同上 各内墙（轴线）与外纵墙交接处 内纵墙与横墙（轴线）交接处和洞口两侧	外墙转角，灌实 5 个孔 内外墙交接处，灌实 4 个孔 内墙交接处，灌实 2 个孔 洞口两侧各灌实 1 个孔
七	≥六	≥三		同上 横墙内芯柱间距不大于 2m	外墙转角，灌实 7 个孔 内外墙交接处，灌实 5 个孔 内墙交接处，灌实 4 个或 5 个孔 洞口两侧各灌实 1 个孔

注 外墙转角、内外墙交接处、楼电梯间四角等部位，应允许采用钢筋混凝土构造柱替代部分芯柱。

4.2.21 钢筋混凝土构造柱设置要求

表 4－21   钢筋混凝土构造柱设置要求

房 屋 层 数				设 置 部 位	
抗 震 烈 度					
6	7	8	9		
≤五	≤四	≤三		楼、电梯间四角，楼梯斜段上下端对应的墙体处 外墙四角和对应转角 错层部位横墙与外纵墙交接处 大房间内外墙交接处 较大洞口两侧	每隔 12m 或单元横墙与外纵墙交接处 楼梯间对应的另一侧内横墙与外纵墙交接处
六	五	四	≤二		
七	≥六	≥五	≥三		隔开间横墙（轴线）与外墙交接处 山墙与内纵墙交接处
					内墙（轴线）与外墙交接处 内墙的局部较小墙垛处 内纵墙与横墙（轴线）交接处

注 1. 较大洞口，内墙指不小于 2.1m 的洞口；外墙在内外墙交接处已设置构造柱时应允许适当放宽，但洞侧墙体应加强。

2. 外廊式和单面走廊的多层房屋，应根据房屋增加一层的层数，按本表的要求设置构造柱，且单面走廊两侧的纵墙均应按外墙处理。

3. 横墙较少的房屋，应根据房屋增加一层的层数，按本表的要求设置构造柱。横墙较少的房屋为外廊式或单面走廊时，应按本表注 2 要求设置构造柱；但 6 度不超过四层、7 度不超过三层和 8 度不超过两层时，应按增加二层的层数处理。

4. 各层横墙很少的房屋，应按增加二层的层数按本表要求设置构造柱。

5. 采用蒸压灰砂砖和蒸压粉煤灰砖的砌体房屋，砌体的抗剪强度仅达到普通粘土砖砌体的 70％时，应根据增加一层的层数按本表及本表注 2～注 4 的要求设置构造柱；但 6 度不超过四层、7 度不超过三层和 8 度不超过两层时，应按增加二层的层数处理。

4.2.22 钢筋混凝土构造柱类别、较小截面和配筋

表 4-22 　　　　　　　　　钢筋混凝土构造柱类别、较小截面和配筋

类别	适 用 范 围	适用部位	最小截面 /(mm×mm)	纵向钢筋	箍筋直径 /mm	箍筋间距（加密区/非加密区）/mm	加密区范围
A	6、7度6层以下，8度5层以下的烧结普通砖、烧结多孔砖砌体	一般部位	180×240（砖砌体）180×190（小砌块砌体）	4Φ12		100/250	节点上、下端500mm和1/6层高的大值
Aj	6、7度5层以下、8度4层以下的蒸压灰沙砖、蒸压粉煤灰砖及混凝土小型空心砌块	砌体房屋四角小砌块房屋外墙转角	240×240（砖砌体）180×190（小砌块砌体）	4Φ14		100/200	
B	6、7度大于6层，8度大于5层及9度地区的烧结普通砖、烧结多孔砖砌体	一般部位	180×240（砖砌体）180×190（小砌块砌体）	4Φ14	Φ6	100/200	
Bj	6、7度大于5层，8度大于4层及9度地区的蒸压灰沙砖、蒸压粉煤灰砖及混凝土小型空心砌块	砌体房屋四角小砌块房屋外墙转角	240×240（砖砌体）180×190（小砌块砌体）	4Φ16		100/150	
C	抗震设防分类为丙类，多层砖砌体房屋和多层小砌块房屋在横墙较小时，且房屋总高度和层数接近或达到总说明表4-8限值时的中部构造柱		240×240（砖砌体）240×190（小砌块砌体）	4Φ14		100/200	节点上端700mm节点下端500mm和1/6层高的大值
Cb	C类边柱、底部框架-抗震墙砌体房屋的上部墙体中设置的构造柱，不包括过渡层构造柱		240×240（砖砌体）240×190（小砌块砌体）	4Φ14		100/200	
Cj	C类砖砌体房屋四角构造柱、C类小砌块房屋外墙转角构造柱、底部框架-抗震墙砌体房屋的上部墙体中四角的构造柱，不包括过渡层构造柱		240×240（砖砌体）240×190（小砌块砌体）	4Φ16		100/100	全高

注 1. 表中斜体 Φ 仅表示各类普通钢筋的直径，不代表钢筋的材料性能和力学性能。
 2. 底部框架-抗震墙砌体房屋过渡层构造柱的纵向钢筋，6、7度时不宜少于4Φ16，8度时不宜少于4Φ18，其余同C类。
 3. 蒸压灰砂砖、蒸压粉煤灰砖砌体房屋是指砌体的抗剪强度仅达到普通粘土砖砌体的70%。
 4. 构造柱与墙或砌块墙连接处应砌成马牙槎。

4.2.23 砌块的最小壁（肋）厚

表 4-23 　　　　　　　　　砌块的最小壁（肋）厚　　　　　　　　　（单位：mm）

砌 块 类 型		最小壁（肋）厚
承重砌块	抗震设防	30
	非抗震设防	27
非承重设防		20

4.2.24 连梁箍筋的构造要求

表 4 - 24　　　　　　　　　　　连梁箍筋的构造要求

抗震等级	箍筋加密区			箍筋非加密区	
	长度	箍筋最大间距	直径	间距/mm	直径
一	$2h$	100mm，$6d$，$1/4h$ 中的最小值	Φ10	200	Φ10
二	$1.5h$	100mm，$8d$，$1/4h$ 中的最小值	Φ8	200	Φ8
三	$1.5h$	150mm，$8d$，$1/4h$ 中的最小值	Φ8	200	Φ8
四	$1.5h$	150mm，$8d$，$1/4h$ 中的最小值	Φ8	200	Φ8

注　h 为连梁截面高度；加密区长度不小于 600mm。

4.2.25 配筋砌块承重墙的砌体材料强度等级

表 4 - 25　　　　　　　　配筋砌块承重墙的砌体材料强度等级

楼层序号	砌块	砂浆	灌孔混凝土	砌块灌孔率
15 层	MU10	Mb10	Cb20	66%
9～14 层	MU10	Mb10	Cb20	33%
3～8 层	MU15	Mb15	Cb25	66%
1、2 层	MU20	Mb20	Cb30	100%

注　33%～66%的灌孔率不包括墙体边缘构件部位的灌孔混凝土。

4.2.26 砌块墙体的钢筋设置

表 4 - 26　　　　　　　　　　砌块墙体的钢筋设置

楼层序号	墙体部位	水平钢筋及配筋率		竖向钢筋及配筋率	
13～15 层	全部	2 Φ 10	0.103%	Φ 16	0.132%
3～12 层	外墙转角（包括内角）	2 Φ 10	0.103%	Φ 16	—
	其余部位	2 Φ 10	0.103%	Φ 14	0.101%
1、2 层	全部	2 Φ 12	0.149%	Φ 16	0.132%

4.2.27 底部混凝土框架的抗震等级

表 4 - 27　　　　　　　　　　底部混凝土框架的抗震等级

结　构　类　型	抗震设防烈度		
	6	7	8
框架	三	二	一
混凝土抗震墙	三	三	二

4.2.28　底部框架柱纵筋的最小总配筋率

表 4 - 28　　　　　　　　　　　　底部框架柱纵筋的最小总配筋率

类　别	抗震设防烈度		
	6	7	8
中柱	0.9%	0.9%	1.1%
边柱和角柱、混凝土抗震墙端柱	1.0%	1.0%	1.2%

此表为钢筋强度标准值低于 400MPa 时的最小配筋。

注　1. 框架柱的截面尺寸和配筋按计算结果采用；H_n 为所在楼层柱净高，具体按工程设计。

　　2. 框架柱和基础的混凝土强度等级不低于 C30。

　　3. 框架柱纵筋的总配筋率应≤5%。

　　4. 框架柱的轴压比，6 度时不宜大于 0.85，7 度时不宜大于 0.75，8 度时不宜大于 0.65。

　　5. 纵筋搭接长度范围内，箍筋尚需满足：直径不小于 $d/4$（d 为搭接钢筋最大直径），箍筋间距不大于 100mm 及 $5d$（d 为搭接钢筋最小直径）。

　　6. 柱相邻纵向钢筋连接接头相互错开，在同一截面内钢筋接头面积不宜大于 50%。

5

多层和高层钢结构房屋

5.1 公式速查

5.1.1 竖向框排架厂房的地震作用计算

楼层有贮仓和支承重心较高的设备时，对支承构件和连接的地震作用计算应计及料斗、贮仓和设备水平地震作用产生的附加弯矩。该水平地震作用可按下式计算：

$$F_s = \alpha_{max}(1.0 + H_x/H_n)G_{eq}$$

式中　F_s——设备或料斗重心处的水平地震作用标准值；

　　　α_{max}——水平地震影响系数最大值；

　　　G_{eq}——设备或料斗的重力荷载代表值；

　　　H_x——设备或料斗重心至室外地坪的距离；

　　　H_n——厂房高度。

5.1.2 框排架厂房的抗震验算

框排架厂房的抗震验算，尚应符合下列要求：

1）8度Ⅲ、Ⅳ类场地和9度时，框排架结构的排架柱及伸出框架跨屋顶支承排架跨屋盖的单柱，应进行弹塑性变形验算，弹塑性位移角限值可取1/30。

2）一、二级框架梁柱节点两侧梁截面高度差大于较高梁截面高度的25%或500mm时，尚应按下式验算节点下柱抗震受剪承载力：

$$\frac{\eta_{jb}M_{b1}}{h_{01} - a'_s} - V_{col} \leqslant V_{RE}$$

式中　η_{jb}——节点剪力增大系数，一级取1.35，二级取1.2；

　　　M_{b1}——较高梁端梁底组合弯矩设计值；

　　　h_{01}——较高梁截面的有效高度；

　　　a'_s——较高梁端梁底受拉时，受压钢筋合力点至受压边缘的距离；

　　　V_{col}——节点下柱计算剪力设计值；

　　　V_{RE}——节点下柱抗震受剪承载力设计值。

抗震设防烈度为9度及一级时可不符合上式，但应符合：

$$\frac{1.15M_{blua}}{h_{01} - a'_s} - V_{col} \leqslant V_{RE}$$

式中　M_{blua}——较高梁端实配梁底正截面抗震受弯承载力所对应的弯矩值，根据实配钢筋面积（计入受压钢筋）和材料强度标准值确定；

　　　h_{01}——较高梁截面的有效高度；

　　　a'_s——较高梁端梁底受拉时，受压钢筋合力点至受压边缘的距离；

　　　V_{col}——节点下柱计算剪力设计值；

　　　V_{RE}——节点下柱抗震受剪承载力设计值。

5.1.3 钢框架节点处的抗震承载力验算

钢框架节点处的抗震承载力验算，应符合下列规定：

1）节点左右梁端和上下柱端的全塑性承载力，除下列情况之一外，应符合下式要求：

①柱所在楼层的受剪承载力比相邻上一层的受剪承载力高出 25%。

②柱轴压比不超过 0.4，或 $N_2 \leqslant \varphi A_c f$（$N_2$ 为 2 倍地震作用下的组合轴力设计值）。

③与支撑斜杆相连的节点。

等截面梁

$$\sum W_{pc}(f_{yc} - N/A_c) \geqslant \eta \sum W_{pb} f_{yb}$$

式中　W_{pc}、W_{pb}——交汇于节点的柱和梁的塑性截面模量；

$\qquad f_{yc}$、f_{yb}——柱和梁的钢材屈服强度；

$\qquad N$——地震组合的柱轴力；

$\qquad A_c$——框架柱的截面面积；

$\qquad \eta$——强柱系数，一级取 1.15，二级取 1.10，三级取 1.05。

端部翼缘变截面的梁

$$\sum W_{pc}(f_{yc} - N/A_c) \geqslant \sum (\eta W_{pb1} f_{yb} + V_{pb} s)$$

式中　W_{pc}——交汇于节点的柱的塑性截面模量；

$\qquad W_{pb1}$——梁塑性铰所在截面的梁塑性截面模量；

$\qquad f_{yc}$、f_{yb}——柱和梁的钢材屈服强度；

$\qquad N$——地震组合的柱轴力；

$\qquad A_c$——框架柱的截面面积；

$\qquad \eta$——强柱系数，一级取 1.15，二级取 1.10，三级取 1.05；

$\qquad V_{pb}$——梁塑性铰剪力；

$\qquad s$——塑性铰至柱面的距离，塑性铰可取梁端部变截面翼缘的最小处。

2）节点域的屈服承载力应符合下列要求：

$$\psi(M_{pb1} + M_{pb2})/V_p \leqslant (4/3) f_{yv}$$

式中　M_{pb1}、M_{pb2}——节点域两侧梁的全塑性受弯承载力；

$\qquad \psi$——折减系数；三、四级取 0.6，一、二级取 0.7；

$\qquad f_{yv}$——钢材的屈服抗剪强度，取钢材屈服强度的 0.58 倍；

$\qquad V_p$——节点域的体积 $\begin{cases} \blacktriangle 工字形截面柱 \\ \blacksquare 箱形截面柱 \\ \bigstar 圆管截面柱 \end{cases}$。

▲　工字形截面柱

$$V_p = h_{b1} h_{c1} t_w$$

式中 h_{b1}、h_{c1}——梁翼缘厚度中点间的距离和柱翼缘（或钢管直径线上管壁）厚度中点间的距离；

t_w——柱在节点域的腹板厚度。

■ 箱形截面柱

$$V_p = 1.8 h_{b1} h_{c1} t_w$$

式中 h_{b1}、h_{c1}——梁翼缘厚度中点间的距离和柱翼缘（或钢管直径线上管壁）厚度中点间的距离；

t_w——柱在节点域的腹板厚度。

★ 圆管截面柱

$$V_p = (\pi/2) b_{b1} h_{c1} t_w$$

式中 h_{b1}、h_{c1}——梁翼缘厚度中点间的距离和柱翼缘（或钢管直径线上管壁）厚度中点间的距离；

t_w——柱在节点域的腹板厚度。

3）工字形截面柱和箱形截面柱的节点域应按下列公式验算：

$$t_w \geqslant (h_b + h_c)/90$$
$$(M_{b1} + M_{b2})/V_p \leqslant (4/3) f_v/\gamma_{RE}$$

式中 V_p——节点域的体积；

f_v——钢材的抗剪强度设计值；

f_{yv}——钢材的屈服抗剪强度，取钢材屈服强度的 0.58 倍；

h_b、h_c——梁腹板和柱腹板的高度；

t_w——柱在节点域的腹板厚度；

M_{b1}、M_{b2}——节点域两侧梁的弯矩设计值；

γ_{RE}——节点域承载力抗震调整系数，取 0.75。

5.1.4 支撑斜杆的受压承载力计算

支撑斜杆的受压承载力应按下式验算：

$$N/(\varphi A_{br}) \leqslant \psi f/\gamma_{RE}$$
$$\psi = 1/(1 + 0.35 \lambda_n)$$
$$\sqrt{\lambda_n = (\lambda/\pi) f_{ay}/E}$$

式中 N——支撑斜杆的轴向力设计值；

A_{br}——支撑斜杆的截面面积；

φ——轴心受压构件的稳定系数；

ψ——受循环荷载时的强度降低系数；

λ、λ_n——支撑斜杆的长细比和正则化长细比；

E——支撑斜杆钢材的弹性模量；

f、f_{ay}——钢材强度设计值和屈服强度；

γ_{RE}——支撑稳定破坏承载力抗震调整系数。

5.1.5 消能梁段的受剪承载力计算

消能梁段的受剪承载力应符合下列要求：

$N \leqslant 0.15Af$ 时

$$V \leqslant \phi V_1 / \gamma_{RE}$$

$$V_1 = 0.58A_w f_{ay} \text{ 或 } V_1 = 2M_{lp}/a, \text{取较小值}$$

$$A_w = (h - 2t_f)t_w$$

$$M_{lp} = fW_p$$

式中　V——消能梁段的剪力设计值；

$\quad V_1$——梁段受剪承载力；

$\quad M_{lp}$——消能梁段的全塑性受弯承载力；

$\quad A_w$——消能梁段的腹板截面面积；

$\quad W_p$——消能梁段的塑性截面模量；

$\quad a, h$——消能梁段的净长和截面高度；

$\quad t_w, t_f$——消能梁段的腹板厚度和翼缘厚度；

$\quad f, f_{ay}$——消能梁段钢材的抗压强度设计值和屈服强度；

$\quad \phi$——系数，可取 0.9；

$\quad \gamma_{RE}$——消能梁段承载力抗震调整系数，取 0.75。

$N > 0.15Af$ 时

$$V \leqslant \phi V_{lc} / \gamma_{RE}$$

$$V_{lc} = 0.58A_w f_{ay} \sqrt{1 - [N/(Af)]^2}$$

$$\text{或 } V_{lc} = 2.4M_{lp}[1 - N/(Af)]/a, \text{取较小值}$$

式中　N, V——消能梁段的轴力设计值和剪力设计值；

$\quad V_1, V_{lc}$——梁段受剪承载力和计入轴力影响的受剪承载力；

$\quad M_{lp}$——消能梁段的全塑性受弯承载力；

$\quad A, A_w$——消能梁段的截面面积和腹板截面面积；

$\quad a$——消能梁段的净长；

$\quad f, f_{ay}$——消能梁段钢材的抗压强度设计值和屈服强度；

$\quad \phi$——系数，可取 0.9；

$\quad \gamma_{RE}$——消能梁段承载力抗震调整系数，取 0.75。

5.1.6 梁与柱刚性连接的极限承载力计算

梁与柱刚性连接的极限承载力，应按下列公式验算：

$$M_u^j \geqslant \eta_j M_p$$

$$V_u^j \geqslant 1.2(2M_p/l_n) + V_{Gb}$$

式中 M_p——梁的塑性受弯承载力；

V_{Gb}——梁在重力荷载代表值（抗震烈度为9度时高层建筑尚应包括竖向地震作用标准值）作用下，按简支梁分析的梁端截面剪力设计值；

l_n——梁的净跨；

M_u^j、V_u^j——连接的极限受弯、受剪承载力；

η_j——连接系数，可按表5-4采用。

5.1.7 支撑连接和拼接极限受压承载力计算

支撑连接和拼接极限受压承载力，应按下列公式验算：

$$N_{ubr}^j \geqslant \eta_j A_{br} f_v$$

式中 N_{ubr}^j——支撑连接和拼接的极限受压承载力；

A_{br}——支撑杆件的截面面积；

f_v——钢材的抗剪强度设计值；

η_j——连接系数，可按表5-4采用。

5.1.8 梁拼接极限受弯承载力计算

梁的拼接极限受弯承载力，应按下列公式验算：

$$M_{ub,sp}^j \geqslant \eta_j M_p$$

式中 $M_{ub,sp}^j$——梁拼接的极限受弯承载力；

M_p——梁的塑性受弯承载力；

η_j——连接系数，可按表5-4采用。

5.1.9 柱拼接极限受弯承载力计算

柱的拼接极限受弯承载力，应按下列公式验算：

$$M_{uc,sp}^j \geqslant \eta_j M_{pc}$$

式中 $M_{uc,sp}^j$——柱拼接的极限受弯承载力；

M_{pc}——考虑轴力影响时柱的塑性受弯承载力；

η_j——连接系数，可按表5-4采用。

5.1.10 柱脚与基础的连接极限受弯承载力计算

柱脚与基础的连接极限承载力，应按下列公式验算：

$$M_{u,base}^j \geqslant \eta_j M_{pc}$$

式中 $M_{u,base}^j$——柱脚的极限受弯承载力；

M_{pc}——考虑轴力影响时柱的塑性受弯承载力；

η_j——连接系数，可按表5-4采用。

5.1.11 消能梁段的长度计算

$N > 0.16Af$ 时，消能梁段的长度应符合下列规定：

当 $\rho(A_w/A)<0.3$ 时

$$a<1.6M_{lp}/V_l$$

式中　　a——消能梁段的长度；

　　　　M_{lp}——消能梁段的全塑性受弯承载力；

　A、A_w——消能梁段的截面面积和腹板截面面积；

　　　　V_l——梁段受剪承载力；

　　　　ρ——消能梁段轴向力设计值与剪力设计值之比。

当 $\rho(A_w/A)\geqslant0.3$ 时

$$a\leqslant[1.15-0.5\rho(A_w/A)]1.6M_{lp}/V_l$$
$$\rho=N/V$$

式中　　a——消能梁段的长度；

　　　　M_{lp}——消能梁段的全塑性受弯承载力；

　A、A_w——消能梁段的截面面积和腹板截面面积；

　　　　V_l——梁段受剪承载力；

　N、V——消能梁段的轴力设计值和剪力设计值；

　　　　ρ——消能梁段轴向力设计值与剪力设计值之比。

5.2　数据速查

5.2.1　钢结构房屋适用的最大高度

表 5-1　　　　　　　　　钢结构房屋适用的最大高度　　　　　　（单位：m）

结　构　类　型	抗　震　烈　度				
	6、7 (0.10g)	7 (0.15g)	8		9 (0.40g)
			(0.20g)	(0.30g)	
框架	110	90	90	70	50
框架-中心支撑	220	200	180	150	120
框架-偏心支撑（延性墙板）	240	220	200	180	160
筒体（框筒，筒中筒，桁架筒，束筒）和巨型框架	300	280	260	240	180

注　1. 房屋高度指室外地面到主要屋面板板顶的高度（不包括局部突出屋顶部分）。

　　2. 超过表内高度的房屋，应进行专门研究和论证，采取有效的加强措施。

　　3. 表内的筒体不包括混凝土筒。

5.2.2 钢结构民用房屋适用的最大高宽比

表 5-2　　　　　　　　　钢结构民用房屋适用的最大高宽比

抗震烈度等级	6、7	8	9
最大高宽比	6.5	6.0	5.5

注　塔形建筑的底部有大底盘时，高宽比可按大底盘以上计算。

5.2.3 钢结构房屋的抗震等级

表 5-3　　　　　　　　　钢结构房屋的抗震等级

房屋高度	抗震烈度等级			
	6	7	8	9
≤50m		四	三	二
>50m	四	三	二	一

注　1. 高度接近或等于高度分界时，应允许结合房屋不规则程度和场地、地基条件确定抗震等级。

　　2. 一般情况，构件的抗震等级应与结构相同；当某个部位各构件的承载力均满足 2 倍地震作用组合下的内力要求时，7~9 度的构件抗震等级应允许按降低一度确定。

5.2.4 钢结构抗震设计的连接系数

表 5-4　　　　　　　　　钢结构抗震设计的连接系数

母材牌号	梁柱连接		支撑连接，构件拼接		柱　　脚	
	焊接	螺栓连接	焊接	螺栓连接		
Q235	1.40	1.45	1.25	1.30	埋入式	1.2
Q345	1.30	1.35	1.20	1.25	外包式	1.2
Q345GJ	1.25	1.30	1.15	1.20	外露式	1.1

注　1. 屈服强度高于 Q345 的钢材，按 Q345 的规定采用。

　　2. 屈服强度高于 Q345GJ 的 GJ 材，按 Q345GJ 的规定采用。

　　3. 翼缘焊接腹板栓接时，连接系数分别按表中连接形式取用。

5.2.5 框架梁、柱板件宽厚比限值

表 5-5　　　　　　　　　框架梁、柱板件宽厚比限值

板 件 名 称		一级	二级	三级	四级
柱	工字形截面翼缘外伸部分	10	11	12	13
	工字形截面腹板	43	45	48	52
	箱形截面壁板	33	36	38	40
梁	工字形截面和箱形截面翼缘外伸部分	9	9	10	11
	箱形截面翼缘在两腹板之间部分	30	30	32	36
	工字形截面和箱形截面腹板	$72-120N_b/(A_f)$ ≤60	$72-100N_b/(A_f)$ ≤65	$80-110N_b/(A_f)$ ≤70	$85-120N_b/(A_f)$ ≤75

注　1. 表列数值适用于 Q235 钢，采用其他牌号钢材时，应乘以 $\sqrt{235/f_{ay}}$。

　　2. $N_b/(A_f)$ 为梁轴压比。

5.2.6 钢结构中心支撑板件宽厚比限值

表 5-6   钢结构中心支撑板件宽厚比限值

板 件 名 称	一级	二级	三级	四级
翼缘外伸部分	8	9	10	13
工字形截面腹板	25	26	27	33
箱形截面壁板	18	20	25	30
圆管外径与壁厚比	38	40	40	42

注　表列数值适用于 Q235 钢，采用其他牌号钢材应乘以 $\sqrt{235/f_{ay}}$，圆管应乘以 $235/f_{ay}$。

5.2.7 偏心支撑框架梁的板件宽厚比限值

表 5-7   偏心支撑框架梁的板件宽厚比限值

板 件 名 称		宽 厚 比 限 值
翼缘外伸部分		8
腹板	$N/(Af)\leqslant 0.14$ 时	$90[1-1.65N/(Af)]$
	$N/(Af)>0.14$ 时	$33[2.3-N/(Af)]$

注　表列数值适用于 Q235 钢，当材料为其他钢号时应乘以 $\sqrt{235/f_{ay}}$，$N/(Af)$ 为梁轴压比。

6

单层工业厂房抗震设计

6.1 公式速查

6.1.1 效应增大系数的计算

1）单跨、边跨屋盖或有纵向内隔墙的中跨屋盖：

$$\eta = 1 + 0.5n$$

式中　η——效应增大系数；

　　　n——厂房跨数，超过四跨时取四跨。

2）其他中跨屋盖：

$$\eta = 0.5n$$

式中　η——效应增大系数；

　　　n——厂房跨数，超过四跨时取四跨。

6.1.2 支承低跨屋盖的柱牛腿（柱肩）的纵向受拉钢筋截面面积计算

不等高厂房中，支承低跨屋盖的柱牛腿（柱肩）的纵向受拉钢筋截面面积，应按下式确定：

$$A_s \geqslant \left(\frac{N_G a}{0.85 h_0 f_y} + 1.2 \frac{N_E}{f_y} \right) \gamma_{RE}$$

式中　A_s——纵向水平受拉钢筋的截面面积；

　　　N_G——柱牛腿面上重力荷载代表值产生的压力设计值；

　　　a——重力作用点至下柱近侧边缘的距离，小于 $0.3h_0$ 时采用 $0.3h_0$；

　　　h_0——牛腿最大竖向截面的有效高度；

　　　N_E——柱牛腿面上地震组合的水平拉力设计值；

　　　f_y——钢筋抗拉强度设计值；

　　　γ_{RE}——承载力抗震调整系数，可采用 1.0。

6.1.3 地震剪力和弯矩增大系数的计算

高低跨交接处的钢筋混凝土柱的支承低跨屋盖牛腿以上各截面，按底部剪力法求得的地震剪力和弯矩应乘以增大系数，其值可按下式采用：

$$\eta = \zeta \left(1 + 1.7 \frac{n_h}{n_0} \cdot \frac{G_{EL}}{G_{Eh}} \right)$$

式中　η——地震剪力和弯矩的增大系数；

　　　ζ——不等高厂房低跨交接处的空间工作影响系数，可按表 6-12 采用；

　　　n_h——高跨的跨数；

　　　n_0——计算跨数，仅一侧有低跨时应取总跨数，两侧均有低跨时应取总跨数与高跨跨数之和；

　　　G_{EL}——集中于交接处一侧各低跨屋盖标高处的总重力荷载代表值；

G_{Eh}——集中于高跨柱顶标高处的总重力荷载代表值。

6.1.4 纵向基本自振周期的计算

计算单跨或等高多跨的钢筋混凝土柱厂房纵向地震作用时，在柱顶标高不大于 15m 且平均跨度不大于 30m 时，纵向基本自振周期可按下列公式确定：

1）砖围护墙厂房，可按下式计算：

$$T_1 = 0.23 + 0.00025 \psi_1 l \sqrt{H^3}$$

式中　ψ_1——屋盖类型系数，大型屋面板钢筋混凝土屋架可采用 1.0，钢屋架采用 0.85；

　　　l——厂房跨度（m），多跨厂房可取各跨的平均值；

　　　H——基础顶面至柱顶的高度（m）。

2）敞开、半敞开或墙板与柱子柔性连接的厂房，可按上式进行计算并乘以下列围护墙影响系数：

$$\psi_2 = 2.6 - 0.002 l \sqrt{H^3}$$

式中　ψ_2——围护墙影响系数，小于 1.0 时应采用 1.0；

　　　l——厂房跨度（m），多跨厂房可取各跨的平均值；

　　　H——基础顶面至柱顶的高度（m）。

6.1.5 柱列地震作用的计算

1）等高多跨钢筋混凝土屋盖的厂房，各纵向柱列的柱顶标高处的地震作用标准值，可按下列公式确定：

$$F_i = \alpha_1 G_{eq} \frac{K_{ai}}{\sum K_{ai}}$$

$$K_{ai} = \psi_3 \psi_4 K_i$$

式中　F_i——i 柱列柱顶标高处的纵向地震作用标准值；

　　　α_1——相应于厂房纵向基本自振周期的水平地震影响系数，应按《建筑抗震设计规范》（GB 50011—2010）第 5.1.5 条确定；

　　　G_{eq}——厂房单元柱列总等效重力荷载代表值，应包括按《建筑抗震设计规范》（GB 50011—2010）第 5.1.3 条确定的屋盖重力荷载代表值、70%纵墙自重、50%横墙与山墙自重及折算的柱自重（有吊车时采用 10%柱自重，无吊车时采用 50%柱自重）；

　　　K_i——i 柱列柱顶的总侧移刚度，应包括 i 柱列内柱子和上、下柱间支撑的侧移刚度及纵墙的折减侧移刚度的总和，贴砌的砖围护墙侧移刚度的折减系数，可根据柱列侧移值的大小，采用 0.2～0.6；

　　　K_{ai}——i 柱列柱顶的调整侧移刚度；

　　　ψ_3——柱列侧移刚度的围护墙影响系数，可按表 6-14 采用；有纵向砖围护墙的四跨或五跨厂房，由边柱列数起的第三柱列，可按表内相应数值的 1.15 倍采用；

  ψ_4——柱列侧移刚度的柱间支撑影响系数，纵向为砖围护墙时，边柱列可采
    用 1.0，中柱列可按表 6-15 采用。

  2）等高多跨钢筋混凝土屋盖厂房，柱列各吊车梁顶标高处的纵向地震作用标准
值，可按下式确定：

$$F_{ci} = \alpha_1 G_{ci} \frac{H_{ci}}{H_i}$$

式中 F_{ci}——i 柱列在吊车梁顶标高处的纵向地震作用标准值；

  α_1——相应于厂房纵向基本自振周期的水平地震影响系数，应按《建筑抗震
    设计规范》（GB 50011—2010）第 5.1.5 条确定；

  G_{ci}——集中于 i 柱列吊车梁顶标高处的等效重力荷载代表值，应包括按《建
    筑抗震设计规范》（GB 50011—2010）第 5.1.3 条确定的吊车梁与悬
    吊物的重力荷载代表值和 40％柱子自重；

  H_{ci}——i 柱列吊车梁顶高度；

  H_i——i 柱列柱顶高度。

6.1.6 单位侧力作用点位移的计算

  斜杆长细比不大于 200 的柱间支撑在单位侧力作用下的水平位移，可按下式确定：

$$u = \sum \frac{1}{1+\varphi_i} u_{ti}$$

式中 u——单位侧力作用点的位移；

  φ_i——i 节间斜杆轴心受压稳定系数，应按现行国家标准《钢结构设计规范》
    （GB 50017—2003）采用；

  u_{ti}——单位侧力作用下 i 节间仅考虑拉杆受力的相对位移。

6.1.7 斜杆抗拉验算时轴向拉力设计值的计算

  长细比不大于 200 的斜杆截面可仅按抗拉验算，但应考虑压杆的卸载影响，其
拉力可按下式确定：

$$N_t = \frac{l_i}{(1+\psi_c \varphi_i) s_c} V_{bi}$$

式中 N_t——i 节间支撑斜杆抗拉验算时的轴向拉力设计值；

  l_i——节间斜杆的全长；

  ψ_c——压杆卸载系数，压杆长细比为 60、100 和 200 时，可分别采用 0.7、
    0.6 和 0.5；

  φ_i——i 节间斜杆轴心受压稳定系数，应按现行国家标准《钢结构设计规范》
    （GB 50017—2003）采用；

  V_{bi}——i 节间支撑承受的地震剪力设计值；

s_c——支撑所在柱间的净距。

6.1.8 柱间支撑与柱连接节点预埋件的锚件采用锚筋时的截面抗震承载力计算

柱间支撑与柱连接节点预埋件的锚件采用锚筋时，其截面抗震承载力宜按下列公式验算：

$$N \leqslant \frac{0.8 f_y A_s}{\gamma_{RE} \left(\dfrac{\cos\theta}{0.8 \xi_m \psi} + \dfrac{\sin\theta}{\zeta_r \zeta_v} \right)}$$

$$\psi = \frac{1}{1 + \dfrac{0.6 e_0}{\zeta_r s}}$$

$$\zeta_m = 0.6 + 0.25 t/d$$

$$\zeta_v = (4 - 0.08 d) \sqrt{f_c / f_y}$$

式中　A_s——锚筋总截面面积；

　　　f_c——混凝土轴心抗压强度设计值；

　　　f_y——钢筋抗拉强度设计值；

　　　γ_{RE}——承载力抗震调整系数，可采用1.0；

　　　N——预埋板的斜向拉力，可采用全截面屈服点强度计算的支撑斜杆轴向力的1.05倍；

　　　e_0——斜向拉力对锚筋合力作用线的偏心距，应小于外排锚筋之间距离的20%（mm）；

　　　θ——斜向拉力与其水平投影的夹角；

　　　ψ——偏心影响系数；

　　　s——外排锚筋之间的距离（mm）；

　　　ζ_m——预埋板弯曲变形影响系数；

　　　t——预埋板厚度（mm）；

　　　d——锚筋直径（mm）；

　　　ζ_r——验算方向锚筋排数的影响系数，二、三和四排可分别采用1.0、0.9和0.85；

　　　ζ_v——锚筋的受剪影响系数，大于0.7时应采用0.7。

6.1.9 柱间支撑与柱连接节点预埋件的锚件采用角钢加端板时的截面抗震承载力计算

柱间支撑与柱连接节点预埋件的锚件采用角钢加端板时，其截面抗震承载力宜按下列公式验算：

$$N \leqslant \frac{0.7}{\gamma_{RE} \left(\dfrac{\cos\theta}{\psi N_{u0}} + \dfrac{\sin\theta}{V_{u0}} \right)}$$

$$V_{u0} = 3 n \zeta_r \sqrt{W_{min} b f_a f_c}$$

$$N_{u0} = 0.8 n f_a A_s$$

式中　n——角钢根数；

γ_{RE}——承载力抗震调整系数，可采用 1.0；

θ——斜向拉力与其水平投影的夹角；

ψ——偏心影响系数；

b——角钢肢宽；

ζ_r——验算方向锚筋排数的影响系数，二、三和四排可分别采用 1.0、0.9 和 0.85；

W_{min}——与剪力方向垂直的角钢最小截面模量；

A_s——根角钢的截面面积；

f_c——混凝土轴心抗压强度设计值；

N_{u0}——受拉预埋件承载力；

V_{u0}——受剪预埋件承载力；

f_a——角钢抗拉强度设计值。

6.1.10　单层砖柱厂房的纵向基本自振周期计算

单层砖柱厂房的纵向基本自振周期可按下式计算：

$$T_1 = 2\psi_T \sqrt{\frac{\sum G_s}{\sum K_s}}$$

式中　ψ_T——周期修正系数，按表 6-16 采用；

G_s——第 s 柱列的集中重力荷载，包括柱列左右各半跨的屋盖和山墙重力荷载，及按动能等效原则换算集中到柱顶或墙顶处的墙、柱重力荷载；

K_s——第 s 柱列的侧移刚度。

6.1.11　单层砖柱厂房纵向总水平地震作用标准值的计算

单层砖柱厂房纵向总水平地震作用标准值可按下式计算：

$$F_{Ek} = \alpha_1 \sum G_s$$

式中　α_1——相应于单层砖柱厂房纵向基本自振周期 T_1 的地震影响系数；

G_s——按照柱列底部剪力相等原则，第 s 柱列换算集中到墙顶处的重力荷载代表值。

6.1.12　沿厂房纵向第 s 柱列上端的水平地震作用的计算

沿厂房纵向第 s 柱列上端的水平地震作用可按下式计算：

$$F_s = \frac{\psi_s K_s}{\sum \psi_s K_s} F_{Ek}$$

式中　ψ_s——反映屋盖水平变形影响的柱列刚度调整系数，根据屋盖类型和各柱列的纵墙设置情况，按表 6-17 采用；

K_s——第 s 柱列的侧移刚度；

F_{Ek}——砖柱厂房纵向总水平地震作用标准值。

6.2 数据速查

6.2.1 钢筋混凝土单层厂房结构抗震等级

表 6-1   钢筋混凝土单层厂房结构抗震等级

结构类型	抗震设防烈度			
	6	7	8	9
铰接排架	四	三	二	一

6.2.2 有檩屋盖的支撑布置

表 6-2   有檩屋盖的支撑布置

支 撑 名 称		抗震设防烈度		
		6、7	8	9
屋架支撑	上弦横向支撑	单元端开间各设一道	单元端开间及单元长度大于66m的柱间支撑开间各设一道。天窗开洞范围的两端各增设局部的支撑一道	单元端开间及单元长度大于42m的柱间支撑开间各设一道。天窗开洞范围的两端各增设局部的上弦横向支撑一道
	下弦横向支撑	同非抗震设计		
	跨中竖向支撑			
	端部竖向支撑	屋架端部高度大于900mm时，单元端开间及柱间支撑开间各设一道		
天窗架支撑	上弦横向支撑	单元天窗端开间各设一道	单元天窗端开间及每隔30m各设一道	单元天窗端开间及每隔18m各设一道
	两侧竖向支撑	单元天窗端开间及每隔36m各设一道		

6.2.3 无檩屋盖的支撑布置

表 6-3   无檩屋盖的支撑布置

支 撑 名 称		抗震设防烈度		
		6、7	8	9
屋架支撑	上弦横向支撑	屋架跨度小于18m时同非抗震设计，跨度不小于18m时在厂房单元端开间各设一道	单元端开间及柱间支撑开间各设一道，天窗开洞范围的两端各增设局部的支撑一道	

支 撑 名 称			抗震设防烈度		
			6、7	8	9
屋架支撑	上弦通长水平系杆		同非抗震设计	沿屋架跨度不大于15m设一道，但装配整体式屋面可仅在天窗开洞范围内设置。 围护墙在屋架上弦高度有现浇圈梁时，其端部处可不另设	沿屋架跨度不大于12m设一道，但装配整体式屋面可仅在天窗开洞范围内设置。 围护墙在屋架上弦高度有现浇圈梁时，其端部处可不另设
	下弦横向支撑			同非抗震设计	同上弦横向支撑
	跨中竖向支撑				
	两端竖向支撑	屋架端部高度≤900mm		单元端开间各设一道	单元端开间及每隔48m各设一道
		屋架端部高度>900mm	单元端开间各设一道	单元端开间及柱间支撑开间各设一道	单元端开间、柱间支撑开间及每隔30m各设一道
天窗架支撑	天窗两侧竖向支撑		厂房单元天窗端开间及每隔30m各设一道	厂房单元天窗端开间及每隔24m各设一道	厂房单元天窗端开间及每隔18m各设一道
	上弦横向支撑		同非抗震设计	天窗跨度≥9m时，单元天窗端开间及柱间支撑开间各设一道	单元端开间及柱间支撑开间各设一道

6.2.4 中间井式天窗无檩屋盖支撑布置

表 6-4 中间井式天窗无檩屋盖支撑布置

支 撑 名 称		抗震设防烈度		
		6、7	8	9
上弦横向支撑 下弦横向支撑		厂房单元端开间各设一道	厂房单元端开间及柱间支撑开间各设一道	
上弦通长水平系杆		天窗范围内屋架跨中上弦节点处设置		
下弦通长水平系杆		天窗两侧及天窗范围内屋架下弦节点处设置		
跨中竖向支撑		有上弦横向支撑开间设置，位置与下弦通长系杆相对应		
两端竖向支撑	屋架端部高度≤900mm	同非抗震设计		有上弦横向支撑开间，且间距不大于48m
	屋架端部高度>900mm	厂房单元端开间各设一道	有上弦横向支撑开间，且间距不大于48m	有上弦横向支撑开间，且间距不大于30m

6.2.5 柱加密区箍筋最大肢距和最小箍筋直径

表 6-5   柱加密区箍筋最大肢距和最小箍筋直径

抗震设防烈度和场地类别		6度和7度 Ⅰ、Ⅱ类场地	7度Ⅲ、Ⅳ类场地 和8度Ⅰ、Ⅱ类场地	8度Ⅲ、Ⅳ类场地 和9度
箍筋最大肢距/mm		300	250	200
箍筋最小直径	一般柱头和柱根	$\phi6$	$\phi8$	$\phi8$ ($\phi10$)
	角柱柱头	$\phi8$	$\phi10$	$\phi10$
	上柱牛腿和有支撑的柱根	$\phi8$	$\phi8$	$\phi10$
	有支撑的柱头和柱变位 受约束部位	$\phi8$	$\phi10$	$\phi12$

注 括号内数值用于柱根。

6.2.6 交叉支撑斜杆的最大长细比

表 6-6   交叉支撑斜杆的最大长细比

位置	抗震设防烈度			
	6度和7度Ⅰ、 Ⅱ类场地	7度Ⅲ、Ⅳ类场地和8度Ⅰ、 Ⅱ类场地	8度Ⅲ、Ⅳ类场地和9度 Ⅰ、Ⅱ类场地	9度Ⅲ、Ⅳ类场地
上柱支撑	250	250	200	150
下柱支撑	200	150	120	120

6.2.7 无檩屋盖的支撑系统布置

表 6-7   无檩屋盖的支撑系统布置

支撑名称			抗震设防烈度		
			6、7	8	9
屋架支撑	上、下弦横向 支撑		屋架跨度小于18m时 同非抗震设计；屋架跨度 不小于18m时，在厂房 单元端开间各设一道	厂房单元端开间及上柱支撑开间各设一道；天窗开 洞范围的两端各增设局部上弦支撑一道；屋架端部支 承在屋架上弦时，其下弦横向支撑同非抗震设计	
	上弦通长水平 系杆		同非抗震设计	在屋脊处、天窗架竖向支撑处、横向支撑节点处和 屋架两端处设置	
	下弦通长水平 系杆			屋架竖向支撑节点处设置；屋架与柱刚接时，在屋架 端节间处按控制下弦平面外长细比不大于150设置	
	竖向 支撑	屋架跨度 小于30m		厂房单元两端开间及上柱支 撑各开间屋架端部各设一道	同8度，且每隔 42m在屋架端部设置
		屋架跨度 大于等于 30m		厂房单元的端开间，屋架 1/3跨度处和上柱支撑开间内 的屋架端部设置，并与上、下 弦横向支撑相对应	同8度，且每隔 36m在屋架端部设置

支 撑 名 称		抗震设防烈度		
		6、7	8	9
纵向天窗架支撑	上弦横向支撑	天窗架单元两端开间各设一道	天窗架单元端开间及柱间支撑开间各设一道	
	竖向支撑 跨中	跨度不小于 12m 时设置，其道数与两侧相同	跨度不小于 9m 时设置，其道数与两侧相同	
	竖向支撑 两侧	天窗架单元端开间及每隔 36m 设置	天窗架单元端开间及每隔 30m 设置	天窗架单元端开间及每隔 24m 设置

6.2.8 有檩屋盖的支撑系统布置

表 6-8 有檩屋盖的支撑系统布置

支 撑 名 称		抗震设防烈度		
		6、7	8	9
屋架支撑	上弦横向支撑	厂房单元端开间及每隔 60m 各设一道	厂房单元端开间及上柱柱间支撑开间各设一道	同 8 度，且天窗开洞范围的两端各增设局部上弦横向支撑一道
	下弦横向支撑	同非抗震设计；当屋架端部支承在屋架下弦时，同上弦横向支撑		
	跨中竖向支撑	同非抗震设计		屋架跨度大于等于 30m 时，跨中增设一道
	两侧竖向支撑	屋架端部高度大于 900mm 时，厂房单元端开间及柱间支撑开间各设一道		
	下弦通长水平系杆	同非抗震设计	屋架两端和屋架竖向支撑处设置；与柱刚接时，屋架端节间处按控制下弦平面外长细比不大于 150 设置	
纵向天窗架支撑	上弦横向支撑	天窗架单元两端开间各设一道	天窗架单元两端开间及每隔 54m 各设一道	天窗架单元两端开间及每隔 48m 各设一道
	两侧竖向支撑	天窗架单元端开间及每隔 42m 各设一道	天窗架单元端开间及每隔 36m 各设一道	天窗架单元端开间及每隔 24m 各设一道

6.2.9 木屋盖的支撑布置

表 6-9 木屋盖的支撑布置

支 撑 名 称		抗震设防烈度		
		6、7	8	
		各类屋盖	满铺望板	稀铺望板或无望板
屋架支撑	上弦横向支撑	同非抗震设计		屋架跨度大于 6m 时，房屋单元两端第二开间及每隔 20m 设一道

支 撑 名 称		抗震设防烈度		
		6、7	8	
		各类屋盖	满铺望板	稀铺望板或无望板
屋架支撑	下弦横向支撑	同非抗震设计		
	跨中竖向支撑	同非抗震设计		
天窗架支撑	天窗两侧竖向支撑	同非抗震设计	不宜设置天窗	
	上弦横向支撑			

6.2.10 钢筋混凝土柱（除高低跨交接处上柱外）考虑空间工作和扭转影响的效应调整系数

表 6-10 钢筋混凝土柱（除高低跨交接处上柱外）考虑空间工作和扭转影响的效应调整系数

屋 盖	山 墙		屋盖长度/m											
			≤30	36	42	48	54	60	66	72	78	84	90	96
钢筋混凝土无檩屋盖	两端山墙	等高厂房	—	—	0.75	0.75	0.75	0.80	0.80	0.80	0.85	0.85	0.85	0.90
		不等高厂房	—	—	0.85	0.85	0.85	0.90	0.90	0.90	0.95	0.95	0.95	1.00
	一端山墙		1.05	1.15	1.20	1.25	1.30	1.30	1.30	1.30	1.35	1.35	1.35	1.35
钢筋混凝土有檩屋盖	两端山墙	等高厂房	—	—	0.80	0.85	0.90	0.95	1.00	1.00	1.05	1.05	1.10	
		不等高厂房	—	—	0.85	0.90	0.95	1.00	1.05	1.05	1.10	1.10	1.15	
	一端山墙		1.00	1.05	1.10	1.10	1.15	1.15	1.15	1.20	1.20	1.20	1.25	

6.2.11 砖柱考虑空间作用的效应调整系数

表 6-11 砖柱考虑空间作用的效应调整系数

屋 盖 类 型	山墙或承重（抗震）横墙间距/m										
	≤12	18	24	30	36	42	48	54	60	66	72
钢筋混凝土无檩屋盖	0.60	0.65	0.70	0.75	0.80	0.85	0.85	0.90	0.95	0.95	1.00
钢筋混凝土有檩屋盖或密铺望板瓦木屋盖	0.65	0.70	0.75	0.80	0.90	0.95	0.95	1.00	1.05	1.00	1.10

6.2.12 高低跨交接处钢筋混凝土上柱空间工作影响系数

表 6-12 高低跨交接处钢筋混凝土上柱空间工作影响系数

屋 盖	山墙	屋盖长度/m									
		≤36	42	48	54	60	86	72	78	84	90	96
钢筋混凝土无檩屋盖	两端山墙	—	0.70	0.76	0.82	0.88	0.94	1.00	1.06	1.06	1.06	1.06
	一端山墙	1.25										

屋　　盖	山墙	屋盖长度/m										
		≤36	42	48	54	60	86	72	78	84	90	96
钢筋混凝土有檩屋盖	两端山墙	—	0.90	1.00	1.05	1.10	1.10	1.15	1.15	1.15	1.20	1.20
	一端山墙	1.05										

6.2.13　桥架引起的地震剪力和弯矩增大系数

表 6-13　　　　　　　桥架引起的地震剪力和弯矩增大系数

屋盖类型	山　墙	边　柱	高低跨柱	其他中柱
钢筋混凝土无檩屋盖	两端山墙	2.0	2.5	3.0
	一端山墙	1.5	2.0	2.5
钢筋混凝土有檩屋盖	两端山墙	1.5	2.0	2.5
	一端山墙	1.5	2.0	2.0

6.2.14　围护墙影响系数

表 6-14　　　　　　　　　围护墙影响系数

围护墙类别和抗震烈度		柱列和屋盖类别				
		边柱列	中柱列			
			无檩屋盖		有檩屋盖	
240 砖墙	370 砖墙		边跨无天窗	边跨有天窗	边跨无天窗	边跨有天窗
	7 度	0.85	1.7	1.8	1.8	1.9
7 度	8 度	0.85	1.5	1.6	1.6	1.7
8 度	9 度	0.85	1.3	1.4	1.4	1.5
9 度		0.85	1.2	1.3	1.3	1.4
无墙、石棉瓦或挂板		0.90	1.1	1.1	1.2	1.2

6.2.15　纵向采用砖围护墙的中柱列柱间支撑影响系数

表 6-15　　　　　纵向采用砖围护墙的中柱列柱间支撑影响系数

厂房单元内设置下柱支撑的柱间数	中柱列下柱支撑斜杆的长细比					中柱列无支撑
	≤40	41~80	81~120	121~150	>150	
一柱间	0.9	0.95	1.0	1.1	1.25	1.4
二柱间	—	—	0.9	0.95	1.0	

6.2.16 厂房纵向基本自振周期修正系数

表 6 - 16 厂房纵向基本自振周期修正系数

屋盖类型	钢筋混凝土无檩屋盖		钢筋混凝土有檩屋盖	
	边跨无天窗	边跨有天窗	边跨无天窗	边跨有天窗
周期修正系数	1.3	1.35	1.4	1.45

6.2.17 柱列刚度调整系数

表 6 - 17 柱列刚度调整系数

纵墙设置情况		屋盖类型			
		钢筋混凝土无檩屋盖		钢筋混凝土有檩屋盖	
		边柱列	中柱列	边柱列	中柱列
砖柱敞棚		0.95	1.1	0.9	1.6
各柱列均为带壁柱砖墙		0.95	1.1	0.9	1.2
边柱列为带壁柱砖墙	中柱列的纵墙不少于 4 开间	0.7	1.4	0.75	1.5
	中柱列的纵墙少于 4 开间	0.6	1.8	0.65	1.9

7

隔震、消能减震设计和
非结构构件

7.1 公式速查

7.1.1 水平向减震系数的计算

1）水平向减震系数，宜根据隔震后整个体系的基本周期，按下式确定：

$$\beta = 1.2 \eta_2 (T_{gm}/T_1)^\gamma$$

$$\eta_2 = 1 + \frac{0.05 - \zeta}{0.08 + 1.6\zeta}$$

$$\gamma = 0.9 + \frac{0.05 - \zeta}{0.3 + 6\zeta}$$

式中　β——水平向减震系数；

　　　η_2——地震影响系数的阻尼调整系数；

　　　γ——地震影响系数的曲线下降段衰减指数；

　　T_{gm}——砌体结构采用隔震方案时的特征周期，根据本地区所属的设计地震分组按表 2-5 确定，但小于 0.4s 时应按 0.4s 采用；

　　　T_1——隔震后体系的基本周期，不应大于 2.0s 和 5 倍特征周期的较大值；

　　　ζ——阻尼比。

2）与砌体结构周期相当的结构，其水平向减震系数宜根据隔震后整个体系的基本周期，按下式确定：

$$\beta = 1.2 \eta_2 (T_g/T_1)^\gamma (T_0/T_g)^{0.9}$$

$$\eta_2 = 1 + \frac{0.05 - \zeta}{0.08 + 1.6\zeta}$$

$$\gamma = 0.9 + \frac{0.05 - \zeta}{0.3 + 6\zeta}$$

式中　β——水平向减震系数；

　　　η_2——地震影响系数的阻尼调整系数；

　　　γ——地震影响系数的曲线下降段衰减指数；

　　　T_0——非隔震结构的计算周期，小于特征周期时应采用特征周期的数值；

　　　T_1——隔震后体系的基本周期，不应大于 5 倍特征周期值；

　　　T_g——特征周期；

　　　ζ——阻尼比。

7.1.2 隔震后体系的基本周期计算

砌体结构及与其基本周期相当的结构，隔震后体系的基本周期可按下式计算：

$$T_1 = 2\pi \sqrt{G/K_h g}$$

$$K_h = \sum K_j$$

式中　T_1——隔震体系的基本周期；

G——隔震层以上结构的重力荷载代表值；

K_h——隔震层的水平等效刚度；

g——重力加速度；

K_j——j 隔震支座（含消能器）由试验确定的水平等效刚度。

7.1.3　隔震层在罕遇地震下的水平剪力的计算

砌体结构及与其基本周期相当的结构，隔震层在罕遇地震下的水平剪力可按下式计算：

$$V_c = \lambda_s \alpha_1(\zeta_{eq})G$$

式中　V_c——隔震层在罕遇地震下的水平剪力；

λ_s——近场系数，距发震断层 5km 以内取 1.5；5～10km 取不小于 1.25；

$\alpha_1(\zeta_{eq})$——罕遇地震下的地震影响系数值，可根据隔震层参数，按《建筑抗震设计规范》（GB 50011—2010）第 5.1.5 条的规定进行计算；

G——隔震层以上结构的重力荷载代表值。

7.1.4　隔震层质心处在罕遇地震下的水平位移的计算

砌体结构及与其基本周期相当的结构，隔震层质心处在罕遇地震下的水平位移可按下式计算：

$$u_e = \lambda_s \alpha_1(\zeta_{eq})G/K_h$$

$$K_h = \sum K_j$$

式中　λ_s——近场系数，距发震断层 5km 以内取 1.5；5～10km 取不小于 1.25；

$\alpha_1(\zeta_{eq})$——罕遇地震下的地震影响系数值，可根据隔震层参数，按《建筑抗震设计规范》（GB 50011—2010）第 5.1.5 条的规定进行计算；

G——隔震层以上结构的重力荷载代表值；

K_h——罕遇地震下隔震层的水平等效刚度；

K_j——j 隔震支座（含消能器）由试验确定的水平等效刚度。

7.1.5　隔震支座扭转影响系数的计算

当隔震支座的平面布置为矩形或接近于矩形，但上部结构的质心与隔震层刚度中心不重合时，隔震支座扭转影响系数可按下列方法确定：

1）仅考虑单向地震作用的扭转时（如图 7-1 所示），扭转影响系数 η 可按下列公式估计：

$$\eta = 1 + 12es_i/(a^2 + b^2)$$

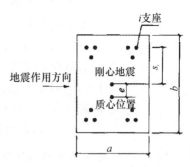

图 7-1　扭转计算示意图

式中　e——上部结构质心与隔震层刚度中心在垂直于地震作用方向的偏心距；

s_i——第 i 个隔震支座与隔震层刚度中心在垂直于地震作用方向的距离；

a、b——隔震层平面的两个边长。

对边支座，其扭转影响系数不宜小于 1.15；当隔震层和上部结构采取有效的抗扭措施后或扭转周期小于平动周期的 70%，扭转影响系数可取 1.15。

2）同时考虑双向地震作用的扭转时，扭转影响系数可仍按上式计算，但其中的偏心距值（e）应采用下列公式中的较大值替代：

$$e=\sqrt{e_x^2+(0.85e_y)^2}$$
$$e=\sqrt{e_y^2+(0.85e_x)^2}$$

式中　e_x——y 方向地震作用时的偏心距；

　　　e_y——x 方向地震作用时的偏心距。

对边支座，其扭转影响系数不宜小于 1.2。

7.1.6　隔震层水平等效刚度和等效黏滞阻尼比的计算

隔震层的水平等效刚度和等效黏滞阻尼比可按下列公式计算：

$$K_h=\sum K_j$$
$$\zeta_{eq}=\sum K_j\zeta_j/K_h$$

式中　ζ_{eq}——隔震层等效黏滞阻尼比；

　　　K_h——隔震层水平等效刚度；

　　　ζ_j——j 隔震支座由试验确定的等效黏滞阻尼比，设置阻尼装置时，应包相应阻尼比；

　　　K_j——j 隔震支座（含消能器）由试验确定的水平等效刚度。

7.1.7　隔震后水平地震影响系数最大值的计算

水平地震影响系数最大值可按下式计算：

$$\alpha_{max}^1=\beta\alpha_{max}/\psi$$

式中　α_{max}^1——隔震后的水平地震影响系数最大值；

　　　α_{max}——非隔震的水平地震影响系数最大值，按表 2-4 采用；

　　　β——水平向减震系数，对于多层建筑，为按弹性计算所得的隔震与非隔震各层层间剪力的最大比值。对高层建筑结构，尚应计算隔震与非隔震各层倾覆力矩的最大比值，并与层间剪力的最大比值相比较，取二者的较大值；

　　　ψ——调整系数，一般橡胶支座，取 0.80；支座剪切性能偏差为 S-A 类，取 0.85；隔震装置带有阻尼器时，相应减少 0.05。

7.1.8　隔震支座对应于罕遇地震水平剪力水平位移的计算

隔震支座对应于罕遇地震水平剪力的水平位移，应符合下列要求：

$$u_i\leqslant[u_i]$$
$$u_i=\eta_i/u_c$$

式中 u_i——罕遇地震作用下，第 i 个隔震支座考虑扭转的水平位移；

$[u_i]$——第 i 个隔震支座的水平位移限值；对橡胶隔震支座，不应超过该支座有效直径的 0.55 倍和支座内部橡胶总厚度 3.0 倍二者的较小值；

u_c——罕遇地震下隔震层质心处或不考虑扭转的水平位移；

η_i——第 i 个隔震支座的扭转影响系数，应取考虑扭转和不考虑扭转时主支座计算位移的比值；隔震层以上结构的质心与隔震层刚度中心在两个主轴方向均无偏心时，边支座的扭转影响系数不应小于 1.15。

7.1.9 消能部件附加给结构的有效阻尼比的计算

消能部件附加给结构的有效阻尼比可按下式估算：

$$\xi_a = \sum_j W_{cj}/(4\pi W_s)$$
$$W_s = (1/2)\sum F_i u_i$$

式中 ξ_a——消能减震结构的附加有效阻尼比；

W_s——设置消能部件的结构在预期位移下的总应变能；

F_i——质点 i 的水平地震作用标准值；

u_i——质点 i 对应于水平地震作用标准值的位移；

W_{cj}——第 j 个消能部件在结构预期层间位移 Δu_j 下往复循环一周所消耗的能量，$\begin{cases} ▲速度线性相关型 \\ ■位移相关型和速度非线性相关型。\end{cases}$

▲ 速度线性相关型消能器在水平地震作用下往复循环一周所消耗的能量，可按下式估算：

$$W_{cj} = (2\pi^2/T_1)C_j\cos^2\theta_j\Delta u_j^2$$

式中 T_1——消能减震结构的基本自振周期；

C_j——第 j 个消能器的线性阻尼系数；

θ_j——第 j 个消能器的消能方向与水平面的夹角；

Δu_j——第 j 个消能器两端的相对水平位移。

■ 位移相关型和速度非线性相关型消能器在水平地震作用下往复循环一周所消耗的能量，可按下式估算：

$$W_{cj} = A_j$$

式中 A_j——第 j 个消能器的恢复力滞回环在相对水平位移 Δu_j 时的面积。

7.1.10 支承构件沿消能器消能方向刚度的计算

速度线性相关型消能器与斜撑、墙体或梁等支承构件组成消能部件时，支承构件沿消能器消能方向的刚度应满足下式：

$$K_b \geqslant (6\pi/T_1)C_D$$

式中 K_b——支承构件沿消能器方向的刚度；

C_D——消能器的线性阻尼系数；

T_1——消能减震结构的基本自振周期。

7.1.11 黏弹性消能器黏弹性材料总厚度的计算

黏弹性消能器的黏弹性材料总厚度应满足下式：

$$t \geqslant \Delta u / [\gamma]$$

式中 t——黏弹性消能器的黏弹性材料的总厚度；

Δu——沿消能器方向的最大可能的位移；

$[\gamma]$——黏弹性材料允许的最大剪切应变。

7.1.12 消能部件恢复力模型参数的计算

位移相关型消能器与斜撑、墙体或梁等支承构件组成消能部件时，消能部件的恢复力模型参数宜符合下列要求：

$$\Delta u_{py} / \Delta u_{sy} \leqslant 2/3$$

式中 Δu_{py}——消能部件在水平方向的屈服位移或起滑位移；

Δu_{sy}——设置消能部件的结构层间屈服位移。

7.1.13 地震内力计算和调整、地震作用效应组合、材料强度取值和验算方法

结构构件承载力按不同要求进行复核时，地震内力计算和调整、地震作用效应组合、材料强度取值和验算方法，应符合下列要求：

1）抗震设防烈度下结构构件承载力，包括混凝土构件压弯、拉弯、受剪、受弯承载力，钢构件受拉、受压、受弯、稳定承载力等，按考虑地震效应调整的设计值复核时，应采用对应于抗震等级而不计入风荷载效应的地震作用效应基本组合，并按下式验算：

$$\gamma_G S_{GE} + \gamma_E S_{Ek}(I_2, \lambda, \zeta) \leqslant R / \gamma_{RE}$$

式中 γ_G——重力荷载分项系数，一般情况应采用 1.2，当重力荷载效应对构件承载能力有利时，不应大于 1.0；

S_{GE}——重力荷载代表值的效应，应取结构和构配件自重标准值和各可变荷载组合值之和；各可变荷载的组合值系数，应按表 2-3 采用，但有吊车时，尚应包括悬吊物重力标准值的效应；

γ_E——地震作用分项系数；

S_{Ek}——水平地震作用标准值的效应；

I_2——表示设防地震动，隔震结构包含水平向减震影响；

λ——按非抗震性能设计考虑抗震等级的地震效应调整系数；

ζ——考虑部分次要构件进入塑性的刚度降低或消能减震结构附加的阻尼影响；

R——结构构件承载力设计值；

γ_{RE}——承载力抗震调整系数，除另有规定外，应按表 2-12 采用。

2）结构构件承载力按不考虑地震作用效应调整的设计值复核时，应采用不计入风荷载效应的基本组合，并按下式验算：

$$\gamma_G S_{GE} + \gamma_E S_{Ek}(I, \zeta) \leqslant R/\gamma_{RE}$$

式中　γ_G——重力荷载分项系数，一般情况应采用 1.2，当重力荷载效应对构件承载能力有利时，不应大于 1.0；

　　　S_{GE}——重力荷载代表值的效应，应取结构和构配件自重标准值和各可变荷载组合值之和；各可变荷载的组合值系数，应按表 2-3 采用，但有吊车时，尚应包括悬吊物重力标准值的效应；

　　　γ_E——地震作用分项系数；

　　　S_{Ek}——水平地震作用标准值的效应；

　　　I——表示设防烈度地震动或罕遇地震动，隔震结构包含水平向减震影响；

　　　ζ——考虑部分次要构件进入塑性的刚度降低或消能减震结构附加的阻尼影响；

　　　R——结构构件承载力设计值；

　　　γ_{RE}——承载力抗震调整系数，除另有规定外，应按表 2-12 采用。

3）结构构件承载力按标准值复核时，应采用不计入风荷载效应的地震作用效应标准组合，并按下式验算：

$$S_{GE} + S_{Ek}(I, \zeta) \leqslant R_k$$

式中　S_{GE}——重力荷载代表值的效应，应取结构和构配件自重标准值和各可变荷载组合值之和；各可变荷载的组合值系数，应按表 2-3 采用，但有吊车时，尚应包括悬吊物重力标准值的效应；

　　　S_{Ek}——水平地震作用标准值的效应；

　　　I——表示设防地震动或罕遇地震动，隔震结构包含水平向减震影响；

　　　ζ——考虑部分次要构件进入塑性的刚度降低或消能减震结构附加的阻尼影响；

　　　R_k——按材料强度标准值计算的承载力。

4）结构构件按极限承载力复核时，应采用不计入风荷载效应的地震作用效应标准组合，并按下式验算：

$$S_{GE} + S_{Ek}(I, \zeta) < R_u$$

式中　S_{GE}——重力荷载代表值的效应，应取结构和构配件自重标准值和各可变荷载组合值之和。各可变荷载的组合值系数，应按表 2-3 采用，但有吊车时，尚应包括悬吊物重力标准值的效应；

　　　S_{Ek}——水平地震作用标准值的效应；

　　　I——表示设防地震动或罕遇地震动，隔震结构包含水平向减震影响；

ζ——考虑部分次要构件进入塑性的刚度降低或消能减震结构附加的阻尼影响；

R_u——按材料最小极限强度值计算的承载力；钢材强度可取最小极限值，钢筋强度可取屈服强度的 1.25 倍，混凝土强度可取立方强度的 0.88 倍。

7.1.14 构件层间弹塑性变形的验算

构件层间弹塑性变形的验算，可采用下列公式：

$$\Delta u_p(I,\lambda,\zeta,G_E)<[\Delta u]$$

式中 $\Delta u_p(\cdots)$——竖向构件在设防地震或罕遇地震下计入重力二阶效应和阻尼影响取决于其实际承载力的弹塑性层间位移角；对高宽比大于 3 的结构，可扣除整体转动的影响；

I——表示设防地震动或罕遇地震动，隔震结构包含水平向减震影响；

λ——按非抗震性能设计考虑抗震等级的地震效应调整系数；

ζ——考虑部分次要构件进入塑性的刚度降低或消能减震结构附加的阻尼影响；

G_E——体系质点重力荷载代表值；

$[\Delta u]$——弹塑性位移角限值，应根据性能控制目标确定；整个结构中变形最大部位的竖向构件，轻微损坏可取中等破坏的一半，中等破坏可取表 2-13 和表 2-15 规定值的平均值，不严重破坏按小于表 2-15 规定值的 0.9 倍控制。

7.1.15 非结构构件水平地震作用标准值的计算

采用楼面反应谱法时，非结构构件的水平地震作用标准值可按下列公式计算：

$$F=\gamma\eta\beta_s G$$

式中 β_s——非结构构件的楼面反应谱值，取决于设防烈度、场地条件、非结构构件与结构体系之间的周期比、质量比和阻尼，以及非结构构件在结构的支承位置、数量和连接性质；

γ——非结构构件功能系数，取决于建筑抗震设防类别和使用要求，一般分为 1.4、1.0、0.6 三档；

G——非结构构件的重力，应包括运行时有关的人员、容器和管道中的介质及储物柜中物品的重力；

η——非结构构件类别系数，取决于构件材料性能等因素，一般在 0.6~1.2 取值。

7.1.16 水平地震作用标准值的计算

采用等效侧力法时，水平地震作用标准值宜按下列公式计算：

$$F=\gamma\eta\zeta_1\zeta_2\alpha_{\max}G$$

式中　F——沿最不利方向施加于非结构构件重心处的水平地震作用标准值；

　　　γ——非结构构件功能系数，由相关标准确定或按表 7-9、表 7-10 执行；

　　　η——非结构构件类别系数，由相关标准确定或按表 7-9、表 7-10 执行；

　　　ζ_1——状态系数，对预制建筑构件、悬臂类构件、支承点低于质心的任何设备和柔性体系宜取 2.0，其余情况可取 1.0；

　　　ζ_2——位置系数，建筑的顶点宜取 2.0，底部宜取 1.0，沿高度线性分布；要求采用时程分析法补充计算的结构，应按其计算结果调整；

　　$\alpha_{\max}$——地震影响系数最大值，可按表 2-4 关于多遇地震的规定采用；

　　　G——非结构构件的重力，应包括运行时有关的人员、容器和管道中的介质及储物柜中物品的重力；

A_s、A_s'——受拉区、受压区纵向普通钢筋的截面面积；

A_p、A_p'——受拉区、受压区纵向预应力筋的截面面积；

　　　A_0——换算截面面积，包括净截面面积以及全部纵向预应力筋截面面积换算成混凝土的截面面积；

　　　A_n——净截面面积，即扣除孔道、凹槽等削弱部分以外的混凝土全部截面面积及纵向非预应力筋截面面积换算成混凝土的截面面积之和；对由不同混凝土强度等级组成的截面，应根据混凝土弹性模量比值换算成同一混凝土强度等级的截面面积。

7.2　数据速查

7.2.1　隔震后砖房构造柱设置要求

表 7-1　　　　　　　　　　隔震后砖房构造柱设置要求

房屋层数			设 置 部 位
抗震烈度			
7	8	9	
三、四	二、三		每隔 12m 或单元横墙与外墙交接处
五	四	二	每隔三开间的横墙与外墙交接处
六	五	三、四	隔开间横墙（轴线）与外墙交接处，山墙与内纵墙交接处；9 度四层，外纵墙与内墙（轴线）交接处
七	六、七	五	内墙（轴线）与外墙交接处，内墙局部较小墙垛处；内纵墙与横墙（轴线）交接处

（第三列"设置部位"左侧跨多行说明：楼、电梯间四角，楼梯斜段上下端对应的墙体处；外墙四角和对应转角；错层部位横墙与外纵墙交接处，较大洞口两侧，大房间内外墙交接处）

7.2.2 隔震后混凝土小砌块房屋构造柱设置要求

表 7-2　　　　　　　　　隔震后混凝土小砌块房屋构造柱设置要求

房屋层数			设　置　部　位	设　置　数　量
抗震烈度				
7	8	9		
三、四	二、三		外墙转角，楼梯间四角，楼梯斜段上下端对应的墙体处；大房间内外墙交接处；每隔 12m 或单元横墙与外墙交接处	外墙转角，灌实 3 个孔内外墙交接处，灌实 4 个孔
五	四	二	外墙转角，楼梯间四角，楼梯斜段上下端对应的墙体处；大房间内外墙交接处，山墙与内纵墙交接处，隔三开间横墙（轴线）与外纵墙交接处	
六	五	三	外墙转角，楼梯间四角，楼梯斜段上下端对应的墙体处；大房间内外墙交接处，隔开间横墙（轴线）与外纵墙交接处，山墙与内纵墙交接处；8、9 度时，外纵墙与横墙（轴线）交接处，大洞口两侧	外墙转角，灌实 5 个孔内外墙交接处，灌实 5 个孔洞口两侧各灌实 1 个孔
七	六	四	外墙转角，楼梯间四角，楼梯斜段上下端对应的墙体处；各内外墙（轴线）与外墙交接处；内纵墙与横墙（轴线）交接处；洞口两侧	外墙转角，灌实 7 个孔内外墙交接处，灌实 4 个孔内墙交接处，灌实 4 个或 5 个孔洞口两侧各灌实 1 个孔

7.2.3 橡胶隔震支座压应力限值

表 7-3　　　　　　　　　橡胶隔震支座压应力限值

建筑类别	甲类建筑	乙类建筑	丙类建筑
压应力限值/MPa	10	12	15

注　1. 压应力设计值应按永久荷载和可变荷载的组合计算；其中，楼面活荷载应按现行国家标准《建筑结构荷载规范》（GB 50009—2012）的规定乘以折减系数。

　　2. 结构倾覆验算时应包括水平地震作用效应组合；对需进行竖向地震作用计算的结构，尚应包括竖向地震作用效应组合。

　　3. 当橡胶支座的第二形状系数（有效直径与橡胶层总厚度之比）小于 5.0 时应降低压应力限值：小于 5 不小于 4 时降低 20%；小于 4 不小于 3 时降低 40%。

　　4. 外径小于 300mm 的橡胶支座，丙类建筑的压应力限值为 10MPa。

7.2.4 隔震层以下地面以上结构罕遇地震作用下层间弹塑性位移角限值

表 7-4　　　　隔震层以下地面以上结构罕遇地震作用下层间弹塑性位移角限值

下部结构类型	$[\theta_p]$
钢筋混凝土框架结构和钢结构	1/100
钢筋混凝土框架-抗震墙	1/200
钢筋混凝土抗震墙	1/250

7.2.5　结构构件实现抗震性能要求的承载力参考指标示例

表 7 - 5　　　　　结构构件实现抗震性能要求的承载力参考指标示例

性能要求	多遇地震	设防地震	罕遇地震
性能 1	完好，按常规设计	完好，承载力按抗震等级调整地震效应的设计值复核	基本完好，承载力按不计抗震等级调整地震效应的设计值复核
性能 2	完好，按常规设计	基本完好，承载力按不计抗震等级调整地震效应的设计值复核	轻～中等破坏，承载力按极限值复核
性能 3	完好，按常规设计	轻微损坏，承载力按标准值复核	中等破坏，承载力达到极限值后能维持稳定，降低少于 5%
性能 4	完好，按常规设计	轻～中等破坏，承载力按极限值复核	不严重破坏，承载力达到极限值后基本维持稳定，降低少于 10%

7.2.6　结构构件实现抗震性能要求的层间位移参考指标示例

表 7 - 6　　　　　结构构件实现抗震性能要求的层间位移参考指标示例

性能要求	多遇地震	设防地震	罕遇地震
性能 1	完好，变形远小于弹性位移限值	完好，变形小于弹性位移限值	基本完好，变形略大于弹性位移限值
性能 2	完好，变形远小于弹性位移限值	基本完好，变形略大于弹性位移限值	有轻微塑性变形，变形小于 2 倍弹性位移限值
性能 3	完好，变形明显小于弹性位移限值	轻微损坏，变形小于 2 倍弹性位移限值	有明显塑性变形，变形约 4 倍弹性位移限值
性能 4	完好，变形小于弹性位移限值	轻～中等破坏，变形小于 3 倍弹性位移限值	不严重破坏，变形不大于 0.9 倍塑性变形限值

注　设防烈度和罕遇地震下的变形计算，应考虑重力二阶效应，可扣除整体弯曲变形。

7.2.7　结构构件对应于不同性能要求的构造抗震等级示例

表 7 - 7　　　　　结构构件对应于不同性能要求的构造抗震等级示例

性能要求	构造的抗震等级
性能 1	基本抗震构造。可按常规设计的有关规定降低二度采用，但不得低于 6 度，且不发生脆性破坏
性能 2	低延性构造。可按常规设计的有关规定降低一度采用，驾构件的承载力高于多遇地震提高二度的要求时，可按降低二度采用；均不得低于 6 度，且不发生脆性破坏
性能 3	中等延性构造。当构件的承载力高于多遇地震提高一度的要求时，可按常规设计的有关规定降低一度且不低于 6 度采用，否则仍按常规设计的规定采用
性能 4	高延性构造。仍按常规设计的有关规定采用

7.2.8 建筑构件和附属机电设备的参考性能水准

表 7 - 8 建筑构件和附属机电设备的参考性能水准

性能水准	功　能　描　述	变形指标
性能 1	外观可能损坏，不影响使用和防火能力，安全玻璃开裂；使用、应急系统可照常运行	可经受相连结构构件出现 1.4 倍的建筑构件、设备支架设计挠度
性能 2	可基本正常使用或很快恢复，耐火时间减少 1/4，强化玻璃破碎；使用系统检修后运行，应急系统可照常运行	可经受相连结构构件出现 1.0 倍的建筑构件、设备支架设计挠度
性能 3	耐火时间明显减少，玻璃掉落，出口受碎片阻碍；使用系统明显损坏，需修理才能恢复功能，应急系统受损仍可基本运行	只能经受相连结构构件出现 0.6 倍的建筑构件、设备支架设计挠度

7.2.9 建筑非结构构件的类别系数和功能系数

表 7 - 9 建筑非结构构件的类别系数和功能系数

构件、部件名称	构件类别系数	功能系数 乙　类	功能系数 丙　类
非承重外墙：			
围护墙	0.9	1.4	1.0
玻璃幕墙等	0.9	1.4	1.4
连接：			
墙体连接件	1.0	1.4	1.0
饰面连接件	1.0	1.0	0.6
防火顶棚连接件	0.9	1.0	1.0
非防火顶棚连接件	0.6	1.0	0.6
附属构件：			
标志或广告牌等	1.2	1.0	1.0
高于 2.4m 储物柜支架：			
货架（柜）文件柜	0.6	1.0	0.6
文物柜	1.0	1.4	1.0

7.2.10 建筑附属设备构件的类别系数和功能系数

表 7 - 10 建筑附属设备构件的类别系数和功能系数

构件、部件所属系统	构件类别系数	功能系数 乙　类	功能系数 丙　类
应急电源的主控系统、发电机、冷冻机等	1.0	1.4	1.4
电梯的支承结构、导轨、支架、轿箱导向构件等	1.0	1.0	1.0
悬挂式或摇摆式灯具	0.9	1.0	0.6

构件、部件所属系统	构件类别系数	功能系数	
		乙类	丙类
其他灯具	0.6	1.0	0.6
柜式设备支座	0.6	1.0	0.6
水箱、冷却塔支座	1.2	1.0	1.0
锅炉、压力容器支座	1.0	1.0	1.0
公用天线支座	1.2	1.0	1.0

主要参考文献

[1] 中国建筑科学研究院. GB 50011—2010 建筑抗震设计规范 [S]. 北京：中国建筑工业出版社，2010.

[2] 中国建筑科学研究院. GB 50023—2009 建筑抗震鉴定标准 [S]. 北京：中国建筑工业出版社，2009.

[3] 中国建筑科学研究院. GB 50223—2008 建筑工程抗震设防分类标准 [S]. 北京：中国建筑工业出版社，2008.

[4] 王昌兴. 建筑结构抗震设计及工程应用 [M]. 北京：中国建筑工业出版社，2008.

[5] 张延年. 建筑抗震设计 [M]. 北京：机械工业出版社，2011.

[6] 薛素铎，赵均，高向宇. 建筑抗震设计 [M]. 3 版. 北京：科学出版社，2012.

[7] 吕西林，周德源，李思明，等. 建筑结构抗震设计理论与实例 [M]. 上海：同济大学出版社，2011.

图书在版编目（CIP）数据

建筑抗震常用公式与数据速查手册 / 张立国主编 . —北京：知识产权出版社，2015.1

（建筑工程常用公式与数据速查手册系列丛书）

ISBN 978 - 7 - 5130 - 3012 - 0

Ⅰ . ①建⋯ Ⅱ . ①张⋯ Ⅲ. ①建筑结构—防震设计—技术手册 Ⅳ. ①TU352. 104 - 62

中国版本图书馆 CIP 数据核字（2014）第 218940 号

责任编辑：刘　爽　段红梅　　　　　责任校对：谷　洋

执行编辑：祝元志　　　　　　　　　责任出版：刘译文

封面设计：杨晓霞

建筑抗震常用公式与数据速查手册

张立国　主　编

出版发行：知识产权出版社 有限责任公司　　　网　　址：http：//www.ipph.cn

社　　址：北京市海淀区马甸南村 1 号　　　　邮　　编：100088

责编电话：010－82000860 转 8125　　　　　责编邮箱：liushuang@cnipr.com

发行电话：010－82000860 转 8101/8102　　发行传真：010－82005070/82000893

印　　刷：三河市国英印务有限公司　　　　经　　销：各大网上书店、新华书店及相关销售网点

开　　本：787mm×1092mm　1/16　　　　印　　张：12

版　　次：2015 年 1 月第 1 版　　　　　　印　　次：2015 年 1 月第 1 次印刷

字　　数：240 千字　　　　　　　　　　　定　　价：38.00 元

ISBN 978-7-5130-3012-0